地质测绘与岩土工程技术应用

刘兴智　王楚维　马　艳　主　编

吉林科学技术出版社

图书在版编目（CIP）数据

地质测绘与岩土工程技术应用 / 刘兴智，王楚维，
马艳主编 . -- 长春 : 吉林科学技术出版社，2022.5
ISBN 978-7-5578-9288-3

Ⅰ . ①地… Ⅱ . ①刘… ②王… ③马… Ⅲ . ①地质学
—测绘②岩土工程—测绘 Ⅳ . ① P5 ② TU4

中国版本图书馆 CIP 数据核字 (2022) 第 078589 号

地质测绘与岩土工程技术应用

主　　编　刘兴智　　王楚维　马　艳
出版人　　宛　霞
责任编辑　王明玲
封面设计　姜乐瑶
制　　版　姜乐瑶
幅面尺寸　170mm×240mm　　1/16
字　　数　130 千字
页　　数　122
印　　张　7.75
印　　数　1-1500 册
版　　次　2022 年 5 月第 1 版
印　　次　2023 年 3 月第 1 次印刷

出　　版　吉林科学技术出版社
发　　行　吉林科学技术出版社
地　　址　长春市净月区福祉大路 5788 号
邮　　编　130118
发行部电话 / 传真　0431-81629529　81629530　81629531
　　　　　　　　　　　81629532　81629533　81629534
储运部电话　0431-86059116
编辑部电话　0431-81629518
印　　刷　三河市嵩川印刷有限公司

书　　号　ISBN 978-7-5578-9288-3
定　　价　48.00 元

编委会

主　　编　刘兴智　王楚维　马　艳

副主编　代志飞　李　磊　郭　箐

　　　　许　超　李冬冬　张玮鹏

　　　　王　斌　郭晓伟　陈艳国

　　　　曹海青　张　贺　童　蕾

编　　委　吴文平

前 言

　　工程安全性问题最基础最首要的是地质问题，但仅仅认识问题已远远不能满足工程要求，必须立足地质去解决问题，这是工程地质学科发展的一个重要方向——地质工程，而工程地质勘察与测试技术方法是地质工程理论体系中的一个重要方面，它是认识与掌握自然地质条件、获取岩土体基本参数、制定与实施岩土体改造的必要技术，是解决地质问题的重要手段之一。

　　岩土工程勘察技术是建设工程勘察的重要手段，直接服务于地基和基础工程设计。采用合理的勘察技术手段是确保建设工程安全稳定、技术经济合理的关键。本书作者结合多年实践经验，以实用技术及理论基础并重为原则，协调好基础理论与现代科技间的关系，详细论述了岩土工程勘察基本内容及各方向岩土工程勘察基本技术。

　　本书首先介绍了工程地质测绘与岩土工程勘察的基本知识，然后详细阐述了大比例尺地形图测绘与各类建筑岩土工程勘察相关内容，以适应地质测绘与岩土工程技术应用的发展现状和趋势。

　　本书突出了基本概念与基本原理，在写作时尝试多方面知识的融会贯通，注重知识层次递进，同时注重理论与实践的结合。

　　限于作者的水平、认识的局限及时间的紧迫性，书中难免有不当之处，恳请广大读者批评指正。

目 录

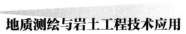

第一章　工程地质测绘和调查

第一节　工程地质测绘的意义和特点

工程地质测绘是岩土工程勘察的基础工作，在诸项勘察方法中最先进行。按一般勘察程序，主要是在可行性研究和初步勘察阶段安排此项工作。但在详细勘察阶段为了对某些专门的地质问题做补充调查，也进行工程地质测绘。

工程地质测绘是运用地质、工程地质理论，对与工程建设有关的各种地质现象进行观察和描述，初步查明拟建场地或各建筑地段的工程地质条件。将工程地质条件诸要素采用不同的颜色、符号，按照精度要求标绘在一定比例尺的地形图上，并结合勘探、测试和其他勘察工作的资料，编制成工程地质图。这一重要的勘察成果可对场地或各建筑地段的稳定性和适宜性做出评价。

工程地质测绘所需仪器设备简单，耗费资金较少，工作周期又短，所以岩土工程师应力图通过它获取尽可能多的地质信息，对建筑场地或各建筑地段的地面地质情况有深入的了解，并对地下地质情况有较准确的判断，为布置勘探、测试等其他勘察工作提供依据。高质量的工程地质测绘还可以节省其他勘察方法的工作量，提高勘察工作的效率。

根据研究内容的不同，工程地质测绘可分为综合性测绘和专门性测绘两种。综合性工程地质测绘是对场地或建筑地段工程地质条件诸要素的空间分布以及各要素之间的内在联系进行全面综合的研究，为编制综合工程地质图提供资料。在测绘地区如果从未进行过相同的或更大比例尺的地质或水文地质测绘，那就必须进行综合性工程地质测绘。专门性工程地质测绘是对工程地质条件的某一要素进行专门研究，如第四纪地质、地貌、斜坡变形破坏等；研究它们的分布、成因、发展演化规律等。所以专门性测绘是为编制专用工程地质图或工程地质分析图提供资料的。无论何种工程地质测绘，都是为工程的设计、施工服务的，都有其特定的研究目的。

工程地质测绘具有如下特点：

（1）工程地质测绘对地质现象的研究，应围绕建筑物的要求而进行。对建筑物安全、经济和正常使用有影响的不良地质现象，应详细研究其分布、规模、形成机制、影响因素，定性和定量分析其对建筑物的影响（危害）程度，并预测其发展演化趋势，提出防治对策和措施。而对那些与建筑物无关的地质现象则可以粗略一些，甚至不予注意。这是工程地质测绘与一般地质测绘的重要区别。

（2）工程地质测绘要求的精度较高。对一些地质现象的观察描述，除了定性阐明其成因和性质外，还要测定必要的定量指标。例如，岩土物理力学参数，节理裂隙的产状隙宽和密度等。所以应在测绘工作期间，配合以一定的勘探、取样和试验工作，携带简易的勘探和测试器具。

（3）为了满足工程设计和施工的要求，工程地质测绘经常采用大比例尺专门性测绘。各种地质现象的观测点需借助于经纬仪、水准仪等精密仪器测定其位置和高程，并标测于地形图，以保证必要的准确度。

第二节　工程地质测绘的范围、比例尺和精度

一、工程地质测绘范围的确定

工程地质测绘不像一般的区域地质或区域水文地质测绘那样，严格按比例尺大小由地理坐标确定测绘范围，而是根据拟建建筑物的需要在与该项工程活动有关的范围内进行。原则上，测绘范围应包括场地及其邻近的地段。

适宜的测绘范围，既能较好地查明场地的工程地质条件，又不至于浪费勘察工作量。根据实践经验，由以下三方面确定测绘范围，即拟建建筑物的类型和规模、设计阶段以及工程地质条件的复杂程度和研究程度。

建筑物的类型、规模不同，与自然地质环境相互作用的广度和强度也就不同，确定测绘范围时首先应考虑到这一点。例如，大型水利枢纽工程的兴建，由于水文和水文地质条件急剧改变，往往引起大范围自然地理和地质条件的变化；这一变化甚至会导致生态环境的破坏和影响水利工程本身的效益及稳定性。此类建筑物的测绘范围必然很大，应包括水库上、下游的一定范围，甚至上游的分水岭地段和下游的河口地段都需要进行调查。房屋建筑和构筑物一般仅在小范围内与自然地质环境发生作用，通常不需要进行大面积工程地质测绘。

在工程处于初期设计阶段时，为了选择建筑场地一般都有若干个比较方案，它们相互之间有一定的距离。为了进行技术经济论证和方案比较，应把这些方案场地包括在同一测绘范围内，测绘范围显然是比较大的。但当建筑场地选定之后，尤其是在设计的后期阶段，各建筑物的具体位置和尺寸均已确定，就只需在建筑地段的较小范围内进行大比例尺的工程地质测绘。可见，工程地质测绘范围是随着建筑物设计阶段（岩土工程勘察阶段）的提高而缩小的。

一般的情况是，工程地质条件越复杂，研究程度越差，工程地质测绘范围就越大。工程地质条件复杂程度包含两种情况：一种情况是场地内工程地质条件非常复杂。例如，构造变动强烈且有活动断裂分布，不良地质现象强烈发育，地质环境遭到严重破坏，地形地貌条件十分复杂；另一种情况是场地内工程地质条件比较简单，但场地附近有危及建筑物安全的不良地质现象存在。例如，山区的城镇和厂矿企业往往兴建于地形比较平坦开阔的洪积扇上，对场地本身来说工程地质条件并不复杂，但一旦泥石流暴发则有可能摧毁建筑物。此时工程地质测绘范围应将泥石流形成区包括在内。又如位于河流、湖泊、水库岸边的房屋建筑，场地附近若有大型滑坡存在，当其突然失稳滑落所激起的涌浪可能会导致灭顶之灾。显然，地质测绘时应详细调查该滑坡的情况。这两种情况都必须适当扩大工程地质测绘的范围外，在拟建场地或其邻近地段内如果已有其他地质研究成果的话，应充分运用它们，在经过分析、验证后做一些必要的专门问题研究。此时工程地质测绘的范围和相应的工作量可酌情减小。

二、工程地质测绘比例尺选择

工程地质测绘的比例尺大小主要取决于设计要求。建筑物设计的初期阶段属选址性质的，一般往往有若干个比较场地，测绘范围较大，而对工程地质条件研究的详细程度并不高，所以采用的比例尺较小。但是，随着设计工作的进展，建筑场地的选定，建筑物位置和尺寸越来越具体明确，范围越益缩小，而对工程地质条件研究的详细程度越益提高，所以采用的测绘比例尺就需逐渐加大。当进入设计后期阶段时，为了解决与施工、运用有关的专门地质问题，所选用的测绘比例尺可以很大。在同一设计阶段内，比例尺的选择则取决于场地工程地质条件的复杂程度以及建筑物的类型、规模及其重要性。工程地质条件复杂、建筑物规模巨大而又重要者，就需采用较大的测绘比例尺。总之，各设计阶段所采用的测绘比例尺都限定于一定的范围之内。

现行相关规范规定工程地质测绘及其调查的范围应包括场地及其附近地段，测绘的比例尺应满足以下要求：

（1）可行性研究勘察阶段可选用1∶5000～1∶50000，属小、中比例尺测绘。

（2）初步勘察阶段可选用1∶2000～1∶10000，属中、大比例尺测绘。

（3）详细勘察阶段可选用1∶500～1∶2000，属大比例尺测绘。

（4）条件复杂时比例尺可适当放大；对工程有重要影响的地质单元体（滑坡、断层、软弱夹层及洞穴等），可采用扩大比例尺表示。

三、工程地质测绘的精度要求

工程地质测绘的精度包含两层意思，即对野外各种地质现象观察描述的详细程度，以及各种地质现象在工程地质图上表示的详细程度和准确程度。为了确保工程地质测绘的质量，这个精度要求必须与测绘比例尺相适应。

对野外各种地质现象观察描述的详细程度，在过去的工程地质测绘规程中是根据测绘比例尺和工程地质条件复杂程度的不同，以每平方千米测绘面积上观测点的数量和观测线的长度来控制的。现行相关规范对此不作硬性规定，而原则上提出观测点布置目的性要明确，密度要合理，要具有代表性。地质观测点的数量以能控制重要的地质界线并能说明工程地质条件为原则，以利于岩土工程评价。为此，要求将地质观测点布置在地质构造线、地层接触线、岩性分界线、不同地貌单元及微地貌单元的分界线、地下水露头以及各种不良地质现象分布的地段。观测点的密度应根据测绘区的地质和地貌条件、成图比例尺及工程特点等确定。一般控制在图上的距离为2～5cm。例如在1∶5000的图上，地质观测点实际距离应控制在100～250m。此控制距离可根据测绘区内工程地质条件复杂程度的差异并结合对具体工程的影响而适当加密或放宽。在该距离内应作沿途观察，将点、线观察结合起来，以克服只孤立地作点上观察而忽视沿途观察的偏向。当测绘区的地层岩性、地质构造和地貌条件较简单时，可适当布置"岩性控制点"，以备检验。地质观测点应充分利用天然的和已有的人工露头。当露头不足时，应根据测绘区的具体情况布置一定数量的勘探工作，揭露各种地质现象。尤其在进行大比例尺工程地质测绘时，所配合的勘探工作是不可少的。

为了保证测绘填图的质量，在图上所划分的各种地质单元应尽量详细。但是，由于绘图技术条件的限制，应规定单元体的最小尺寸。过去工程地质测绘规程曾规定为2mm。根据这一规定，在1∶5000的图上，单元体的实际最小尺寸被定为10m。现行相关规范对此未作统一规定，以便在实际工作中因地、因工程而宜。但是，为了更好地阐明测绘区工程地质条件和解决岩土工程实际问题，对工程有重要影响的地质单元体，如滑坡、软弱夹层、溶洞、泉、井等，必要时在图上可采用扩大比例尺表示。

为了保证各种地质现象在图上表示的准确程度，在任何比例尺的图上，建筑地段的各种地质界线（点）在图上的误差不得超过3mm，其他地段不应超过5mm。所以实际允许误差为上述数值乘以比例尺的分母。

地质观测点定位所采用的标测方法，对成图的质量有重要意义。根据不同比例尺的精度要求和工程地质条件复杂程度，地质观测点一般采用的定位标测方法是小、中比例尺——目测法和半仪器法（借助于罗盘、气压计、测绳等简单的仪器设备）及大比例尺——仪器法（借助于经纬仪、水准仪等精密仪器）。但是，有特殊意义的地质观测点，如重要的地层岩性分界线、断层破碎带、软弱夹层、地下水露头以及对工程有重要影响的不良地质现象等，在小、中比例尺测绘时也宜用仪器法定位。

为了达到上述规定的精度要求。通常野外测绘填图所用的地形图应比提交的成图比例尺大一级。例如，进行比例尺为1∶10000的工程地质测绘时，常采用1∶5000的地形图做野外填图底图，随后再缩编成1∶10000的成图作为正式成果。

第三节　工程地质测绘和调查的前期准备工作、方法及程序

一、工程地质测绘和调查的前期准备工作

在正式开始工程地质测绘之前，还应当做好资料收集、踏勘和编制测绘纲要等准备工作，以保证测绘工作的正常有序进行。

（一）资料收集和研究

应收集的资料包括如下几个方面：

（1）区域地质资料：如区域地质图、地貌图、地质构造图、地质剖面图。

（2）遥感资料：地面摄影和航空（卫星）摄影相片。

（3）气象资料：区域内各主要气象要素，如年平均气温、降水量、蒸发量，对冻土分布地区还要了解冻结深度。

（4）水文资料：测区内水系分布图、水位、流量等资料。

（5）地震资料：测区及附近地区地震发生的次数、时间、震级和造成破坏的情况。

（6）水文及工程地质资料：地下水的主要类型、赋存条件和补给条件、地下水位及变化情况、岩土透水性及水质分析资料、岩土的工程性质和特征等。

（7）建筑经验：已有建筑物的结构、基础类型及埋深、采用的地基承载力、建筑物的变形及沉降观测资料。

（二）踏勘

现场踏勘是在收集研究资料的基础上进行的，目的在于了解测区的地形地貌及其他地质情况和问题，以便于合理布置观测点和观测路线，正确选择实测地质剖面位置，拟订野外工作方法。

踏勘的内容和要求如下：

（1）根据地形图，在测区范围内按固定路线进行踏勘，一般采用"之"字形曲折迂回而不重复的路线，穿越地形、地貌、地层、构造、不良地质作用有代表性的地段。

（2）踏勘时，应选择露头良好、岩层完整、有代表性的地段做出野外地质剖面，以便熟悉和掌握测区岩层的分布特征。

（3）寻找地形控制点的位置，并抄录坐标、标高等资料。

（4）访问和收集洪水及其淹没范围等情况。

（5）了解测区的供应、经济、气候、住宿、交通运物等条件。

（三）编制测绘纲要

测绘纲要是进行测绘的依据，其内容应尽量符合实际情况，测绘纲要一般包含在勘察纲要内，在特殊情况下可单独编制。测绘纲要应包括如下几方面内容：

（1）工作任务情况（目的、要求、测绘面积、比例尺等）。

（2）测区自然地理条件（位置、交通、水文、气象、地形地貌特征等）。

（3）测区地质概况（地层、岩性、地下水、不良地质作用）。

（4）工作量、工作方法及精度要求，其中工作量包括观测点、勘探点的布置，室内及野外测试工作。

（5）人员组织及经费预算。

（6）材料、物资、器材及机具的准备和调度计划。

（7）工作计划及工作步骤。

（8）拟提供的各种成果资料、图件。

二、工程地质测绘和调查的方法

工程地质测绘和调查的方法与一般地质测绘相近，主要是沿一定观察路线做沿途观察和在关键地点（或露头点）上进行详细观察描述。选择的观察路线应当以最短的线路观测到最多的工程地质条件和现象为标准。在进行区域较大的中比例尺工程地质测绘时，一般穿越岩层走向或横穿地貌、自然地质现象单元来布置观测路线。大比例尺工程地质测绘路线以穿越走向为主布置，但须配合以部分追索界线的路线，以圈定重要单元的边界。在大比例尺详细测绘时，应追索走向和追索单元边界来布置路线。

在工程地质测绘和调查过程中最重要的是要把点与点、线与线之间观察到的现象联系起来，克服孤立地在各个点上观察现象、沿途不连续观察和不及时对现象进行综合分析的偏向。也要将工程地质条件与拟进行的工程活动的特点联系起来，以便能确切预测两者之间相互作用的特点。此外，还应在路线测绘过程中将实际资料、各种界线反映在外业图上，并逐日清绘在室内底图上，及时整理、及时发现问题和进行必要的补充观测。

相片成图法是利用地面摄影或航空（卫星）摄影相片，在室内根据判读标志，结合所掌握的区域地质资料，将判明的地层岩性、地质构造、地貌、水系和不良地质作用，调绘在单张相片上，并在相片上选择若干地点和路线，去实地进行校对和修正，绘成底图，最后再转绘成图。由于航测照片、卫星照片能在大范围内反映地形地貌、地层岩性及地质构造等物理地质现象，可以迅速让人对测区有一个较全面整体的认识，因此与实地测绘工作相结合，能起到减少工作量、提高精度和速度的作用。特别是在人烟稀少、交通不便的偏远山区，充分利用航片及卫星照片更具有特殊重要的意义。这一方法在大型工程的初级勘察阶段（选址勘察和初步勘察）效果较为显著，尤其是对铁路、高速公路的选线，大型水利工程的规划选址阶段，其作用更为明显。

工程地质实地测绘和调查的基本方法如下：

（一）路线穿越法

沿着一定的路线（应尽量使路线与岩层走向、构造线方向及地貌单元相垂直，并应尽量使路线的起点具有较明显的地形、地物标志；此外，应尽量使路线穿越露头较多、硬盖层较薄的地段），穿越测绘场地，把走过的路线正确地填绘在地形图上，并沿途详细观察和记录各种地质现象和标志，如地层界线、构造线、岩层产状、地下水露头、各种不良地质作用，将它们绘制在地形图上。路线法一般适合于中、小比例尺测绘。

（二）布点法

布点法是工程地质测绘的基本方法，也就是根据不同比例尺预先在地形图上布置一定数量的观测路线和观测点。观测点一般布置在观测路线上，但观测点的布置必须有具体的目的，如为了研究地质构造线、不良地质作用、地下水露头等。观测线的长度必须能满足具体观测目的的需要。布点法适合于大、中比例尺的测绘工作。

（三）追索法

它是沿着地层走向、地质构造线的延伸方向或不良地质作用的边界线进行布点追索，其主要目的是查明某一局部的岩土工程问题。追索法是在路线穿越法和布点法的基础上进行的，它属于一种辅助测绘方法。

三、工程地质测绘和调查的程序

（1）阅读已有的地质资料，明确工程地质测绘和调查中需要重点解决的问题，编制工作计划。

（2）利用已有遥感影像资料，如对卫星照片、航测照片进行解译，对区域工程地质条件做出初步的总体评价，以判明不同地貌单元各种工程地质条件的标志。

（3）现场踏勘。选定观测路线，选定测制标准剖面的位置。

（4）正式测绘开始。测绘中随时总结整理资料，及时发现问题，及时解决，使整个工程地质测绘和调查工作目的更明确，测绘质量更高，工作效率更高。

第四节　工程地质测绘的研究内容

在工程地质测绘过程中，应自始至终以查明场地及其附近地段的工程地质条件和预测建筑物与地质环境间的相互作用为目的。因此，工程地质测绘研究的主要内容是工程地质条件的诸要素；此外，还应搜集调查自然地理和已建建筑物的有关资料。下面将分别论述各项研究内容的研究意义、要求和方法。

一、地层岩性

地层岩性是工程地质条件最基本的要素和研究各种地质现象的基础，所以是工程地质测绘最主要的研究内容。

工程地质测绘对地层岩性研究的内容主要包括：（1）确定地层的时代和填图单位；（2）各类岩土层的分布、岩性、岩相及成因类型；（3）岩土层的正常层序、接触关系、厚度及其变化规律；（4）岩土的工程性质等。

不同比例尺的工程地质测绘中，地层时代的确定可直接利用已有的成果。若无地层时代资料，应寻找标准化石、作孢子花粉分析或请有关单位协助解决。填图单位应按比例尺大小来确定。小比例尺工程地质测绘的填图单位与一般地质测绘是相同的。但是中、大比例尺小面积测绘时，测绘区出露的地层往往只有一个"组""段"，甚至一个"带"的地层单位，按一般地层学方法划分填图单位不能满足岩土工程评价的需要，应按岩性和工程性质的差异等作进一步划分。例如，砂岩、灰岩中的泥岩、页岩夹层、硬塑黏性土中的淤泥质土，它们的岩性和工程性质迥异，必须单独划分出来。确定填图单位时，应注意标志层的寻找。所谓"标志层"，是指岩性、岩相、层位和厚度都较稳定，且颜色、成分和结构等具特征标志，地面出露又较好的岩土层。

工程地质测绘中对各类岩土层还应着重以下内容的研究：

（一）沉积岩类

软弱岩层和次生夹泥层的分布、厚度、接触关系和性状等；泥质岩类的泥化和崩解特性；碳酸盐岩及其他可溶盐岩类的岩溶现象。

（二）岩浆岩类

侵入岩的边缘接触面，风化壳的分布、厚度及分带情况，软弱矿物富集带等；喷出岩的喷发间断面，凝灰岩分布及其泥化情况，玄武岩中的柱状节理、气孔等。

（三）变质岩类

片麻岩类的风化，其中软弱变质岩带或夹层以及岩脉的特性；软弱矿物及泥质片岩类、千枚岩、板岩的风化、软化和泥化情况等。

（四）第四纪土层

成因类型和沉积相，所处的地貌单元，土层间接触关系以及与下伏基岩的关系；建筑地段特殊土的分布、厚度、延续变化情况、工程特性以及与某些不良地质现象形成的关系，已有建筑物受影响情况及当地建筑经验等。建筑地段不同成因类型和沉积相土层之间的接触关系，可以利用微地貌研究以及配合简便勘探工程来确定。

在采用自然历史分析法研究的基础上，还应根据野外观察和运用现场简易测试方法所取得的物理力学性质指标，初步判定岩土层与建筑物相互作用时的性能。

二、地质构造

地质构造对工程建设的区域地壳稳定性、建筑场地稳定性和工程岩土体稳定性来说，都是极重要的因素；而且它又控制着地形地貌、水文地质条件和不良地质现象的发育和分布。所以地质构造常常是工程地质测绘的主要内容。

（一）工程地质测绘对地质构造研究的内容

（1）岩层的产状及各种构造型式的分布、形态和规模。（2）软弱结构面（带）的产状及其性质，包括断层的位置、类型、产状、断距、破碎带宽度及充填胶结情况。（3）岩土层各种接触面及各类构造岩的工程特性。（4）晚近期构造活动的形迹、特点及与地震活动的关系等。

在工程地质测绘中研究地质构造时，要运用地质历史分析和地质力学的原理和方法，以查明各种构造结构面（带）的历史组合和力学组合规律。既要对褶曲、断裂等大的构造形迹进行研究，又要重视节理、裂隙等小构造的研究，尤其在大比例尺工程地质测绘中，小构造研究具有重要的实际意义。因为小构造直接控制着岩土体的完整性、强度和透水性，是岩土工程评价的重要依据。

在工程地质研究中，节理、裂隙泛指普遍、大量地发育于岩土体内各种成因的、延展性较差的结构面；其空间展布数米至二三十米，无明显宽度。构造节理、劈理、原生节理、层间错动面、卸荷裂隙、次生剪切裂隙等均属之。

（二）对节理、裂隙应重点研究的内容

对节理、裂隙应重点研究的内容有以下三个方面：

（1）节理、裂隙的产状、延展性、穿切性和张开性。

（2）节理、裂隙面的形态、起伏差、粗糙度、充填胶结物的成分和性质等。

（3）节理、裂隙的密度或频度。具体的研究方法在岩体力学教程中已有详细讨论，不再赘述。

由于节理、裂隙研究对岩体工程尤为重要，所以在工程地质测绘中必须进行专门的测量统计，以搞清它们的展布规律和特性，尤其要深入研究建筑地段内占主导地位的节理、裂隙及其组合特点，分析它们与工程作用力的关系。

目前国内在工程地质测绘中，节理、裂隙测量统计结果一般用图解法表示，常用的有玫瑰图、极点图和等密度图三种。近年来，基于节理、裂隙测量统计的岩体结构面网络计算机模拟，在岩体工程勘察、设计中已得到较广泛的应用。

在强震区重大工程场地可行性研究勘察阶段工程地质测绘时，应研究晚近期的构造活动，特别是全新世地质时期内有过活动或近期正在活动的"全新活动断裂"，应通过地形地貌、地质、历史地震和地表错动、地形变化以及微震测震等标志，查明其活动性质和展布规律，并评价其对工程建设可能产生的影响。有必要时，应根据工程需要和任务要求，配合地震部门进行地震地质和宏观震害调查。

三、地貌

地貌与岩性、地质构造、第四纪地质、新构造运动、水文地质以及各种不良地质现象的关系密切。研究地貌可借以判断岩性、地质构造及新构造运动的性质和规模，搞清第四纪沉积物的成因类型和结构，以及了解各种不良地质现象的分布和发展演化历史、河流发育史等。需要指出的是，由于第四纪地质与地貌的关系密切，因此在平原区、山麓地带、山间盆地以及有松散沉积物覆盖的丘陵区进行工程地质测绘时，应着重于地貌研究，并以地貌作为工程地质分区的基础。

工程地质测绘中地貌研究的内容有以下几项：

（1）地貌形态特征、分布和成因。

（2）划分地貌单元，地貌单元形成与岩性、地质构造及不良地质现象等的关系。

（3）各种地貌形态和地貌单元的发展演化历史。

上述各项研究内容大多是在小、中比例尺测绘中进行的。在大比例尺工程地质测绘中，则应侧重于微地貌与工程建筑物布置以及岩土工程设计、施工关系等方面的研究。

洪积地貌和冲积地貌这两种地貌形态与岩土工程实践关系密切，下面分别讨论一下它们的工程地质研究内容。

在山前地段和山间盆地边缘广泛分布的洪积物，地貌上多形成洪积扇。一个大型洪积扇，面积可达几十甚至上百平方千米，自山边至平原明显划分为上部、中部和下部三个区段，每一区段的地质结构和水文地质条件不同，因此建筑适宜性和可能产生的岩土工程问题也各异。洪积扇的上部由碎石土（砾石、卵石和漂石）组成，强度高而压缩性小，是房屋建筑和构筑物的良好地基；但由于渗透性强，若建水工建筑物则会产生严重渗漏。中部以砂土为主，且夹有粉土和黏性土的透镜体，开挖基坑时需注意细砂土的渗透变形问题；该部与下部过渡地段由于岩性变细，地下水埋深浅，往往有溢出泉和沼泽分布，形成泥炭层，强度低而压缩性大，作为一般房屋地基的条件较差。下部主要分布黏性土和粉土，且有河流相的砂土透镜体，地形平缓，地下水埋深较浅。若土体形成时代较早，是房屋建筑较理想的地基。

平原地区的冲积地貌，应区分出河床、河漫滩、牛轭湖和阶地等各种地貌形态。不同地貌形态的冲积物分布和工程性质不同，其建筑适宜性也各异。河床相沉积物主要为砂砾土，将其作为房屋地基是良好的，但作为水工建筑物地基时将会产生渗漏和渗透变形问题。河漫滩相一般为黏性土，有时有粉土和粉、细砂夹层，土层厚度较大，也较稳定，一般适宜作各种建筑物的地基；需注意粉土和粉、细砂夹层的渗透变形问题。牛轭湖相是由含有大量有机质的黏性土和粉、细砂组成的，并常有泥炭层分布，土层的工程性质较差，也较复杂。对阶地的研究，应划分出阶地的级数，各级阶地的高程、相对高差、形态特征以及土层的物质组成、厚度和性状等；并进一步研究其建筑适宜性和可能产生的岩土工程问题。例如，成都市位于岷江支流府河的阶地上。市区主要位于一级阶地，表层粉土厚$0.4 \sim 0.7$m，其下为Q_4早期的砂砾石层，厚$28 \sim 100$m。地下水较丰富，且埋深小（$1 \sim 3$m），是高层建筑良好的天然地基，但基坑开挖和地下设施必须采取降水和防水措施。东郊工业区主要位于二级阶地，表层黏性土厚$5 \sim 9$m，下为砂砾石层，地下水埋深$5 \sim 8$m。黏性土可做一般房屋建筑的地基。东郊广大地区为三级阶地，地面起伏不平。上部为厚达10余米的成都黏土和网纹状红土，下部为粉质黏土充填的砾石层。成都黏土为膨胀土，一般低层建筑的基础和墙体易开裂，渠道和道路路堑边坡往往产生滑坡。

四、水文地质

在工程地质测绘中研究水文地质的主要目的，是为研究与地下水活动有关的岩土工程问题和不良地质现象提供资料。例如，兴建房屋建筑和构筑物时，应研究岩土的渗透性、地下水的埋深和腐蚀性，以判明对基础砌置深度和基坑开挖等的影响。进行尾矿坝与贮灰坝勘察时，应研究坝基、库区和尾矿堆积体的渗透性和地下水浸润曲线，以判明坝体的渗透稳定性、坝基与库区的渗漏及其对环境的影响。在滑坡地段研究地下水的埋藏条件、出露情况、水位、形成条件以及动态变化，以判定其与滑坡形成的关系。因此，水文地质条件也是一项重要的研究内容。

在工程地质测绘过程中对水文地质条件的研究，应从地层岩性、地质构造、地貌特征和地下水露头的分布、类型、水量、水质等入手，并结合必要的勘探、测试工作，查明测区内地下水的类型、分布情况和埋藏条件；含水层、透水层和隔水层（相对隔水层）的分布，各含水层的富水性和它们之间的水力联系；地下水的补给、径流、排泄条件及动态变化；地下水与地表水之间的补、排关系；地下水的物理性质和化学成分等，在此基础上分析水文地质条件对岩土工程实践的影响。

泉、井等地下水的天然和人工露头以及地表水体的调查，有利于阐明测区的水文地质条件。故应对测区内各种水点进行普查，并将它们标测于地形底图上。对其中有代表性的以及与岩土工程有密切关系的水点，还应进行详细研究，布置适当的监测工作，以掌握地下水动态和孔隙水压力变化等。泉、井调查内容参阅水文地质学教程的有关内容。

五、不良地质现象

不良地质现象研究的目的是评价建筑场地的稳定性，并预测其对各类岩土工程的不良影响。由于不良地质现象直接影响建筑物的安全、经济和正常使用，所以工程地质测绘时对测区内影响工程建设的各种不良地质现象必须详加研究。

研究不良地质现象要以地层岩性、地质构造、地貌和水文地质条件的研究为基础，并搜集气象、水文等自然地理因素资料。研究内容包括各种不良地质现象（岩溶、滑坡、崩塌、泥石流、冲沟、河流冲刷、岩石风化等）的分布、形态、规模、类型和发育程度，分析它们的形成机制和发展演化趋势，并预测其对工程建设的影响。各种不良地质现象具体的研究内容和方法将在后面章节中论述。

六、已有建筑物的调查

测区内或测区附近已有建筑物与地质环境关系的调查研究，是工程地质测绘中特殊的研究内容，因为某一地质环境内已兴建的任何建筑物对拟建建筑物来说，应看作是一项重要的原型试验，往往可以获取很多在理论和实践两方面都极有价值的资料，甚至较之用勘探、测试手段所取得的资料更为宝贵。应选择不同的地质环境（良好的、不良的）中不同类型结构的建筑物，调查其有无变形、破坏的标志，并详细分析其原因，以判明建筑物对地质环境的适应性。通过详细的调查分析后，就可以具体地评价建筑场地的工程地质条件，对拟建建筑物可能变形、破坏情况做出正确预测，并采取相应的防治对策和措施。特别需要强调指出的是，在不良地质环境或特殊性岩土的建筑场地，应充分调查、了解当地的建筑经验，包括建筑结构、基础方案、地基处理和场地整治等方面的经验。

七、人类活动对场地稳定性的影响

测区内或测区附近人类的某些工程——经济活动，往往影响建筑场地的稳定性。例如，人工洞穴、地下采空、大挖大填、抽（排）水和水库蓄水引起的地面沉降、地表塌陷、诱发地震，渠道渗漏引起的斜坡失稳等，都会对场地稳定性带来不利影响，对它们的调查应予以重视。此外，场地内如有古文化遗迹和古文物，应妥为保护发掘，并向有关部门报告。

第五节　工程地质测绘成果资料整理

工程地质测绘成果资料的整理，可分为检查外业资料和编制图表。

一、检查外业资料

（1）检查各种外业记录所描述的内容是否齐全。

（2）详细核对各种原始图件所划分的地层、岩性、构造、地形地貌、地质成因界线是否符合野外实际情况，在不同图件中相互间的界线是否吻合。

（3）野外所填的各种地质现象是否正确。

（4）核对收集的资料与本次测绘资料是否一致，如出现矛盾，应分析其原因。

（5）整理核对野外采集的各种标本。

二、编制图表

根据工程地质测绘的目的和要求，编制有关图表。工程地质测绘完成后，一般不单独提出测绘成果，往往把测绘资料依附于某一勘察阶段，使某一勘察阶段在测绘的基础上做深入工作。

工程地质测绘的图件包括实际材料图、综合工程地质图、工程地质分区图、综合地质柱状图、工程地质剖面图及各种素描图、照片和文字说明。对某个专门的岩土工程问题，尚可编制专门的图件。

第六节　"3S"技术在工程地质测绘中的应用

一、"3S"技术的定义和特点

"3S"是遥感（Remote Sensing，RS）、全球定位系统（Global Positioning System，GPS）和地理信息系统（Geographic Information System，GIS）的缩写，是空间技术、传感器技术、卫星定位与导航技术和计算机技术、通信技术相结合，多学科高度集成的对空间信息进行采集、处理、管理、分析、表达、传播和应用的现代信息技术的总称。

RS是20世纪60年代蓬勃发展起来的空间探测技术。其含义为遥远的感知，是指观测者不与目标物直接接触，从高空或外层空间接收来自地球表层各类地物的电磁波信息，并通过对这些信息进行扫描、摄影、传输和处理，进而识别目标物属性（大小、形状、质量、数量、位置和种类等）的现代综合技术。遥感技术是指对目标物反射、发射和散射来的电磁波信息进行接收、记录、传输、处理、判读与应用的方法与技术。

遥感技术可用于植被资源调查、气候气象观测预报、作物产量估测、病虫害预测、环境质量监测、交通线路网络与旅游景点分布等方面。例如，在大比例尺的遥感图像上，可以直接统计滑坡的数量、长度、宽度、分布形式，找出其与民房、公路、河流的关系，求出相关系数，并结合降雨、水位变化等因数，估算滑坡的稳定性与危险性。同样，遥感图像能反映水体的色调、灰阶、形态、纹理等特征的差别，根据这些影像显示，一般可以识别水体的污染源、污染范围、面积和浓度。

GPS是美国从20世纪70年代开始研制，于1994年全面建成，具有海、陆、空全方位实时三维导航与定位能力的新一代卫星导航与定位系统。GPS由空间星座、地面控制和用户设备等三部分构成。GPS测量技术能够快速、高效、准确地提供点、线、面要素的精确三维坐标以及其他相关信息，具有全天候、高精度、自动化、高效益等显著特点，被广泛应用于军事、民用交通导航、大地测量、摄影测量、野外考察探险、土地利用调查及日常生活等不同领域。

GIS是一个专门管理地理信息的计算机软件系统，它不但能分门别类、分级分层地去管理各种地理信息；而且还能将它们进行各种组合、分析，还能查询、检索、修改、输出和更新等。

地理信息系统还有一个特殊的"可视化"功能，通过计算机屏幕把所有的信息逼真地再现到地图上，成为信息可视化工具，清晰直观地表现出信息的规律和分析结果，同时，还能在屏幕上动态地监测信息的变化。

地理信息系统具有数据输入、预处理功能、数据编辑功能、数据存储与管理功能、数据查询与检索功能、数据分析功能、数据显示与结果输出功能、数据更新功能。通俗地讲，地理信息系统是信息的"大管家"。地理信息系统技术现已在资源调查、数据库建设与管理、土地利用及其适宜性评价、区域规划、生态规划、作物估产、灾害监测与预报等方面得到广泛应用。

二、RS 的应用

（一）遥感技术的意义和特点

遥感技术包括航空摄影技术、航空遥感技术和航天遥感技术，它们所提供的遥感图像视野广阔、影像逼真、信息丰富，因而可应用于地质研究。一些发达的工业化国家，已采用RS技术提供的图像进行地籍测量工作。特别是利用航空摄影遥感图像，采用航测方法测绘地籍图，比采用平板仪图解测绘地籍图，具有质量好、速度快、经济效益高且精度均匀的优点。并可用数字航空摄影测量方法，提供精确的数字地籍数据，实现自动化成图。同时，为建立地籍数据库和地理信息系统提供广阔的前景。我国自开始大规模的地籍测量以来，测绘工作者利用遥感图像进行地籍测量实践，取得一定的成果。实践证明，航测法地籍测量无论在地籍控制点、界址点的坐标测定，还是在地籍图细部测绘中都可满足《地籍调查规程》（TD/T 1001-2012）的规定，它能加速地质调查、节省地面测绘的工作量，提高测绘精度和填图质量。

遥感技术一般在勘察初期阶段的小、中比例尺工程地质测绘中应用，主要工作是解译遥感图像资料。不同遥感图像的比例尺大小：航空照片（简称为航片）1：25000～1：100000；卫星遥感图片（简称为卫片）不同时间多波段的1：250000～1：500000黑白相片和假彩色合成或其他增强处理的图像。一般于测绘工作开始之前，在搜集到的遥感图像上进行目视解译（此时应结合所搜集到的区域地质和物探资料等进行），勾画出地质草图，以指导现场踏勘。通过踏勘，可以起到在野外验证解译成果的作用。在测绘过程中，遥感图像资料可用来校正所填绘的各种地质体和地质现象的位置和尺寸，或补充填图内容，为工程地质测绘提供确切的信息。

对各种地质体和地质现象主要依靠解译标志进行目视解译。所谓解译标志，指的是具有地质意义的光谱信息和几何信息，如目标物的色调、色彩、形状、大小、结构、阴影等图像特征。由于各种解译目标的物理—化学属性不同，所以具有不同的解译标志组合。此外，不同的遥感图像资料其解译依据也不相同。航片的比例尺一般较大，主要依据目标物的几何特征解译；卫片则很难分辨出目标物的几何特征，主要依据其光谱信息解译。热红外图像记录的是地面物体间热学性质的差别，其解译标志虽然与前两者一样，但含义与之不同。在对航片进行解译时，一般要做立体观察，以提高解译效果，即利用航空立体镜对航片做立体像观察，以获得直观的三维光学立体模型。

（二）工程地质条件的目视解译方法

1.地层岩性

地层岩性目视解译的主要内容，是识别不同的岩性（或岩性组合）和圈定其界线；此外，推断各岩层的时代和产状，分析各种岩性在空间上的变化、相互关系以及与其他地质体的关系。岩性地层单位的分辨程度和划分的粗细程度，取决于图像分辨率的高低、岩性地层单位之间波谱特征的差异程度、图形特征反差大小以及它们的出露程度。由于航片的分辨率高，所以它识别岩性地层单位的效果通常较卫片要好。实践证明：岩类分布面积广、岩类间的色调和性质差异大，则容易识别解译。反之，则难以识别解译。

地层岩性的影像特征，主要表现为色调（色彩）和图形两个方面。前者反映了不同岩类的波谱特征，后者是区分不同岩类的主要形态标志。不同颜色、成分和结构构造的岩性，由于反射光谱的能力不同，其波谱特征就有差异。同一岩性遭受风化情况不同，它的波谱特征也有一定变化。因此可以根据不同岩性的波谱特征的规律来识别它们。不同岩类的空间产状形态和构造类型各有特色，并在遥感图像上表现为不同类型和不同规模的图形特征。因此也就可以依据图形特征识别不同的岩类。

岩性地层目视解译前，首先要将解译地区的第四系松散沉积物圈出来，然后划分三大岩类的界线，最后详细解译各种岩性地层。利用航片识别第四系松散沉积物的成因类型并确定其与基岩的分界线是比较容易的，但要详细划分岩性则比较困难。由于它与地形地貌关系密切，所以可以结合地形地貌形态的研究以确定沉积物的类型。沉积岩类普遍适用的解译标志是层理所造成的图像，一般都具有直线的或曲线的条带状图形特征，其岩性差异则可以通过不同的色调反映出来。岩浆岩类的波谱特征有明显规律可循。一般情况下，超基性、基性岩浆岩反射率低，它们在遥感图像上多呈深色调或深色彩；而中性、酸性岩浆岩则反射率中等至偏高，因此图色调或色彩较浅。与周围的围岩相比，岩浆岩的色调较为均匀一致。这类岩石在遥感图像上的图形特征，侵入岩常反映出各种形状的封闭曲线；而喷发岩的图形特征较复杂。一般喷发年代新的火山熔岩流很容易辨认，而老的火山熔岩解译程度就低，尤其是夹在其他地层中的薄层熔岩夹层，几乎无法解译。变质岩种类繁杂，较上述两大岩类解译效果要差些。一般情况下，色调特征正变质岩与岩浆岩相近，副变质岩与沉积岩和部分喷发岩接近，而图形特征比较复杂，解译时应慎重分辨。

2.地质构造

利用遥感图像解译和分析地质构造效果较好。一般地说，利用卫片可观察到巨型构造的形象，而航片解译中，小型构造形迹效果较好。

地质构造目视解译的内容，主要包括岩层产状、褶皱和断裂构造、火山机制、隐伏构造、活动构造、线性构造和环状构造等的解译以及区域构造的分析。下面简要讨论与工程地质测绘关系较密切的内容。

由沉积岩组成的褶皱构造，在遥感图像上表现为色调不一的平行条带状色带，或是圆形、椭圆形及不规则环带状的色环。尤其当褶皱范围内岩层露头较好、岩性差异较大时，则表现得尤为醒目。但是，水平岩层和季节性干涸的湖泊边缘有时也会出现圈闭的环形图像，解译时需注意区别。褶皱构造依图形特征，可区分出平缓的、紧闭的、箱状的和梳状的等。

在构造变动强烈的地区，由于构造遭受破坏的原因，识别时较为困难，须借助于其他的解译标志。由新构造活动引起的大面积穹状隆起的平缓褶皱，较难于识别，这时可利用水系分析标志解译。在确定了褶皱存在之后，就要进一步解译背斜或向斜。这方面的解译标志较多，可参阅有关文献。

断裂构造是一种线性构造。所谓线性构造，指的是遥感图像上与地质作用有关或受地质构造控制的线性影像。线性构造较之岩性地层和褶皱的解译效果要好些。在遥感图像上影像越明显的断裂，其年代可能越新，所以在航（卫）片上可以直接解译活动断裂。断裂构造也主要借助于图形和色调两类标志来解译。形态标志较多，可分为直接标志和间接标志两种。

在遥感图像上地质体被切断、沉积岩层重复或缺失以及破碎带的直接出露等，可作为直接解译标志。间接解译标志则有线性负地形、岩层产状突变、两种截然不同的地貌单元相接、地貌要素错开、水系变异、泉水（温泉）和不良地质现象呈线性分布等。断裂构造色调解译标志远不如形态解译标志作用明显，一般只能作为间接标志。因为引起色调差异的原因很多，有不少是非构造因素造成的，解译时应慎重加以分辨。由于活动断裂都是控制和改造构造地貌和水系格局的，因此在遥感图像上仔细研究构造地貌和水系格局及其演变形迹，可以揭示这类断裂。此外，松散沉积物掩盖的隐伏断裂也可以通过水系和地貌特征以及色调变化等综合分析来识别。

3.水文地质

水文地质解译内容主要包括控制水文地质条件的岩性、构造和地貌要素，以及植被、地表水和地下水天然露头等现象。进行解析时，如果能利用不同比例尺的遥感图像研究对比，可以取得较好的效果。尤其是大的褶皱和断裂构造，应先进行卫片和小比例尺航片的解译，然后进行大比例尺航片的解译。进行水文地质解译的航片以采用旱季摄影的为好。

利用航片进行地下水天然露头（泉、沼泽等）解译，所编制的地下水露头分布图效用较大。据此图可确定地下水出露位置，描述附近的地形地貌特征、地下水出露条件、涌水状况及大致估测涌水量大小，并可进一步推断测绘区含水层的分布、地下水类型及其埋藏条件。

实践证明，红外摄影和热红外扫描图像对水文地质解译效用独特。由于水的热容量大，保温作用强，因此有地下水与周围无地下水的地段、地下水埋藏较浅与周围地下水埋藏较深的地段，都存在温度差别（季节温差及昼夜温差）。利用红外摄影和热红外扫描对温度的高分辨率（0.1℃~0.01℃），可以寻找浅埋地下水的储水构造场所（如充水断层、古河道潜水），探查岩溶区的暗河管道、库坝区的集中渗漏通道等。此外，利用红外摄影和热红外扫描图像还可探查地下水受污染的范围。

4.地貌和不良地质

现象在工程地质测绘中，一般采用大比例尺卫片（1：250000）和航片来解译地貌和不良地质现象。

地貌和不良地质现象的遥感图像解译，历来为从事岩土工程和工程地质的工程技术人员所重视，因为这两项内容解译效果最为理想，而且可以揭示其与地层岩性、地质构造之间的内在联系，为之提供良好的解译标志。地貌解译应与第四系松散沉积物解译结合进行。地貌解译还可提供地下水分布的有关资料。从工程实用观点讲，地貌和不良地质现象的解译，可直接为工程选址、地质灾害防治等提供依据，所以在城镇、厂矿、道路和水利工程勘察的初期阶段必须进行。

由于地貌和不良地质现象的发展演化过程往往比较快，因此利用不同时期的遥感图像进行对比研究效果更好，可以对其发展趋势以及对工程的不良影响程度做初步评价。对各种地貌形态和不良地质现象的具体解译内容和方法，这里不再论述，可参阅有关文献。

（三）遥感地质工作的程序和方法

遥感地质作为一种先进的地质调查工作方法，其具体工作大致可划分为准备工作，初步解译，野外调查，室内综合研究、成图与编写报告等阶段。现将各阶段工作内容和方法简要论述如下：

（1）准备工作阶段。本阶段的主要任务，是做好遥感地质调查的各项准备工作和制订工作计划。主要的工作内容是搜集工作区各类遥感图像资料和地质、气象、水文、土壤、植被、森林以及不同比例尺的地形图等各种资料。搜集的遥感图像数量，同一地区应有2~3套，一套制作镶嵌略图，一套用于野外调绘，一套用于室内清绘。应准备好有关的仪器、设备和工具。制订具体工作计划时，选定工作重点区，提出完成任务的具体措施。

（2）初步解译阶段。遥感图像初步解译是遥感地质调查的基础。室内的初步解译要依据解译标志，结合前人地质资料等，编制解译地质略图。如果有条件的话，应利用光学增强技术来处理遥感图像，以提高解译效果。解译地质略图是本阶段的工作成果，利用它来选择野外踏勘路线和实测剖面位置，并提出重点研究地段。

（3）野外调查阶段。此阶段的主要工作是踏勘和现场检验。踏勘工作应先期进行，其目的是了解工作区的自然地理、经济条件和地质概况。踏勘时携带遥感图像，以核实各典型地质体和地质现象在相片上的位置，并建立它们的解译标志。需要选择一些地段进行重点研究，并实测地层剖面。现场检验工作的主要内容，是全面检验和检查解译成果，在一定间距内穿越一些路线，采集必要的岩土样和水样。此期间一定要加强室内整理。本阶段工作可与工程地质测绘野外作业同时进行，遥感解译的现场检验地质观测点数，宜为工程地质测绘观测点数的30%～50%。

（4）室内综合研究、成图与编写报告阶段。这一阶段的任务，是最后完成各种正式图件，编写遥感地质调查报告，全面总结测区内各地质体和地质现象的解译标志、遥感地质调查的效果及工作经验等。首先，应将初步解译、野外调查和其他方法所取得的资料，集中转绘到地形图上，然后进行图面结构分析。对图中存在的问题及图面结构不合理的地段，要进行修正和重新解译，以求得确切的结果。必要时要野外复验或进行图像光学增强处理等措施，直至整个图面结构合理为止。经与各项资料核对无误后，便可定稿和清绘图件。最后，根据任务要求编写遥感地质调查报告，附以遥感图像解译说明书和典型图册等资料。

三、GPS 的应用

全球定位系统（Global Positioning System，GPS），是美国从20世纪70年代开始研制的用于军事目的的新代卫星导航与定位系统。随着GPS系统的不断成熟和完善，其在工程测绘领域得到广泛运用。测绘界已普遍采用了GPS技术，极大提高了测绘工作效率和控制网布设的灵活性。宾得三星GNSS SMT888-3G型号的GPS具有如下特点：

（1）三星系统跟踪GPS、GLONASS（俄语"全球卫星导航系统Global Navigation Satellite System"）、GALILEO（伽利略卫星导航系统，Galileo satellite navigation system）卫星、136卫星通道。

（2）内置SIM卡，工作模式随时切换，GSM（全球移动通信系统，Global

System for Mobile Communications）模块内置，支持客户自建CORS（跨域资源共享，Cross-origin resource sharing）。

（3）双电池智能切换，内置双电池仓，大容量锂电池确保长时间作业，并不断电切换。

（4）基站、移动站自由互换，多台GPS可任意组合RTK（实时差分定位，Real Time Kinematic）作业。

（5）外置电台与GPS无须电缆连接即可作业，可扩大作业距离，并在特殊情况下移动电台获得差分数据。

（6）完全一体化的设计，在坚固小区的接收机中集成GPS主机、天线、RTK电台等，做到确确实实无电缆。

（7）内置SD卡，RTK作业可同时记载静态数据，并通过SD卡方便导出。

（8）内置电台，并具有开放友好的通信接口，有蓝牙实现高速远距离传输。

SMT888-3G的定位精度见表1-1所列。

表1-1　SMT888-3G的定位精度

项目	水平	垂直
单点定位	1.1m	1.9m
SBAS	0.7m	1.2m
DGPS	0.35m	0.65m
RTK性能	10mm＋1ppm	15mm＋1×10^{-6}
静态性能	2mm＋0.5ppm	5mm＋0.5×10^{-6}
平均固定所需时间	7s	
置信度	＞99.9%	

（一）GPS定位原理与方法

1.定位原理

（1）伪距定位测量。接收机利用相关分析原理测定调制码由卫星传播至接收机的时间，再乘以电磁波传播的速度，便得到卫星到接收机之间的距离。由于所测距离受到大气延迟和接收机时钟与卫星时钟不同步的影响，它不是真正星站间的几何距离，因此被称为"伪距"。通过对四颗卫星同时进行"伪距"测量，即可解算出接收机的位置。

（2）载波相位测量。载波相位测量是把接收到的卫星信号和接收机本身的信号混频，从而得到混频信号，再进行相位差测量。根据相位差和载波信号的波长，可以解算出各卫星到接收机的"伪距"，通过对四颗卫星同时进行"伪距"测量，即可解算出接收机的位置。

2.定位方法

（1）按定位模式不同GPS定位方法被分为绝对定位和相对定位

绝对定位，又称单点定位，即在协议地球坐标系中，确定观测站相对地球质心的位置。在一个待测点上，用一台接收机独立跟踪GPS卫星，测定待测点（天线）的绝对坐标。由于单点定位受卫星星历误差、大气延迟误差等影响，其定位精度较低，一般为25~30m。

相对定位，即在协议地球坐标系中，确定观测站与某一地面参考点之间的相对位置。相对定位是用两台或多台接收机在各个测点上同步跟踪相同的卫星信号，求定各台接收机之间的相对位置（三维坐标或基线矢量）的方法。只要给出一个测点（可以是某已知固定点）的坐标值，其余各点的坐标即可求出。由于各台接收机同步观测相同的卫星，这样卫星钟的钟误差、卫星星历误差和卫星信号在大气中的传播误差等几乎相同，在解算各测点坐标时，可以通过做差有效地消除或大幅度削弱上述误差，从而提高了定位精度，其相对定位精度可达（5mm＋1×10^{-6}D）。

（2）按接收机天线所处的状态GPS定位方法被分为静态定位、动态定位

静态定位：定位过程中用户接收机天线（待定点）相对于地面，其位置处于静止状态。

动态定位：定位过程中用户接收机天线（待定点）相对于地面，其位置处于运动状态。在GPS动态定位中引入了相对定位方法，即将一台接收机设置在基准站上固定不动，另一台接收机安置在运动的载体上，两台接收机同步观测相同的卫星，通过观测值求差，消除具有相关性的误差，以提高观测精度。而运动点位置是通过确定该点相对基准站的相对位置实现的，这种方法被称为差分定位，目前被广泛应用。

（二）GPS 在工程测绘中的应用原理

GPS采用交互定位的原理。已知几个点的距离，则可求出未知点所处的位置。对GPS而言，已知点是空间的卫星，未知点是地面某一移动目标。卫星的距离由卫星信号传播时间来测定，将传播时间乘上光速可求出距离：$R = vt$。其中，无线电信号在空气中的传播速度略小于光速，我们认为$V = 3 \times 10^8 \text{m/s}$，卫星信号传到地面时间为$t$（卫星信号传送到地面大约需要0.06s）。最基本的问题是要求卫星和用户接收机都配备精确的时钟。由于光速很快，要求卫星和接收机相互间同步精度达到纳秒级，由于接收机使用石英钟，因此测量时会产生较大的误差，不过也意味着在通过计算机后可被忽略。这项技术已经用惯性导航系统（Inertial Navigation System，INS）增强而开发出来了。工程中要测量的地图或其他种类的地貌图，只需让接收机在要制作地图的区域内移动并记录一系列的位置便可得到。

（三）GPS 在工程测绘上的应用

GPS的出现给测绘领域带来了根本性的变革，具体表现为在工程测量方面，GPS定位技术以其精度高、速度快、费用省、操作简便等优良特性被广泛应用于工程控制测量中。时至今日，可以说GPS定位技术已完全取代了用常规测角、测距手段建立的工程控制网。在工程测量领域，GPS定位技术正在日益发挥其巨大作用。例如，利用GPS可进行各级工程控制网的测量、GPS用于精密工程测量和工程变形监测、利用GPS进行机载航空摄影测量等。在灾害监测领域，GPS可用于地震活跃区的地震监测、大坝监测、油田下沉、地表移动和沉降监测等，此外还可用来测定极移和地球板块的运动。

1.GPS技术在地籍控制测量中的应用

GPS卫星定位技术的迅速发展，给测绘工作带来了革命性的变化，也对地籍测量工作，特别是地籍控制测量工作带来了巨大的影响。应用GPS进行地籍控制测量，点与点之间不要求互相通视，这样避免了常规地籍测量控制时，控制点位选取的局限条件，并且布设成GPS网状结构对GPS网精度的影响也甚小。由于GPS技术具有布点灵活、全天候观测、观测及计算速度快和精度高等优点，GPS技术在国内各省市的城镇地籍控制测量中得到广泛应用。

利用GPS技术进行地籍控制测量具有如下优点：

（1）它不要求通视，避免了常规地籍控制测量点位选取的局限条件。

（2）没有常规三角网（锁）布设时要求近似等边及精度估算偏低时应加测对角线或增设起始边等烦琐要求，只要使用的GPS仪器精度与地籍控制测量精度相匹配，控制点位的选取符合GPS点位选取要求，那么所布设的GPS网精度就完全能够满足地籍规程要求。

由于GPS技术的不断改进和完善，其测绘精度、测绘速度和经济效益都大大地优于常规控制测量技术。目前，常规静态测量、快速静态测量、RTK技术和网络RTK技术已经逐步取代常规的测量方式，成为地籍控制测量的主要手段。边长大于15km的长距离GPS基线矢量，只能采取常规静态测量方式。边长为10～15km的GPS基线矢量，如果观测时刻的卫星很多，外部观测条件好，可以采用快速静态GPS测量模式；如果是在平原开阔地区，可以尝试RTK模式。边长小于5km的一级、二级地籍控制网的基线，优先采用RTK方法，如果设备条件不能满足要求，可以采用快速静态定位方法。边长为5～10km的二等、三等、四等基本控制网的GPS基线矢量，优先采用GPS快速静态定位的方法；设备条件许可和外部观测环境合适，可以使用RTK测量模式。

2.利用GPS技术布设城镇地籍基本控制网

在一些大城市中，一般已经建立城市控制网，并且已经在此控制网的基础上做了大量的测绘工作。但是，随着经济建设的迅速发展，已有控制网的控制范围和精度已不能满足要求，为此，迫切需要利用GPS技术来加强和改造已有的控制网作为地籍控制网。

（1）由于GPS技术的不断改进和完善，其测绘精度、测绘速度和经济效益，都大大地优于目前的常规控制测量技术，GPS定位技术可作为地籍控制测量的主要手段。

（2）边长小于8～10km的二等、三等、四等基本控制网和一级、二级地籍控制网的GPS基线矢量，都可采用GPS快速静态定位的方法。由试验分析与检测证明，应用GPS快速静态定位方法，施测一个点的时间，从几十秒到几分钟，最多十几分钟，精度可达到1～2cm，完全可以满足地籍控制测量的需求，可以大大减少观测时间和提高工作效率。

（3）建立GPS定位技术布测城镇地籍控制网时，应与已有的控制点进行联测，联测的控制点最少不能少于2个。

3.GPS技术在地籍图测绘中的应用

地籍碎部测量和土地勘测定界（含界址点放样）工作主要是测定地块（宗地）的位置、形状和数量等重要数据。

由《地籍调查规程》（TD/T 1001-2012）可知，在地籍平面控制测量基础上的地籍碎部测量，对于城镇街坊外围界址点及街坊内明显的界址点，间距允许误差为±10cm，城镇街坊内部隐蔽界址点及村庄内部界址点，间距允许误差为±15cm。在进行土地征用、土地整理、土地复垦等土地勘测定界工作中，相关规程规定测定或放样界址点坐标的精度：相对邻近图根点点位中误差及界址线与邻近地物或邻近界线的距离中误差不超过±10cm。因此，利用RTK测量模式能满足上述精度要求。

此外，利用RTK技术进行勘测定界放样，能避免解析法等放样方法的复杂性，同时也简化了建设用地勘测定界的工作程序，特别是对公路、铁路、河道和输电线路等线性工程和特大型工程的放样更为有效和实用。

RTK技术使精度、作业效率和实时性达到了最佳融合，为地籍碎部测量提供了一种崭新的测量方式。现在，许多土地勘测部门都购置了具有RTK功能的GPS接收系统和相应的数据处理软件，并且取得十分显著的经济效益和社会效益。

（四）GPS测量的特点

GPS可为各类用户连续提供动态目标的三维位置、三维速度及时间信息。GPS测量的特点如下：

（1）功能多、用途广。GPS系统不仅可以用于测量、导航，还可以用于测速、测时。

（2）定位精度高。在实时动态定位（RTD）和实时动态差分定位（Real Time Kinematic，RTK）方面，定位精度可达到厘米级和分米级，能满足各种工程测量的要求。

（3）实时定位。利用全球定位系统进行导航，即可实时确定运动目标的三维位置和速度，可实时保障运动载体沿预定航线运行，亦可选择最佳路线。

（4）观测时间短。利用GPS技术建立控制网，可缩短观测时间，提高作业效益。

（5）观测站之间无须通视。GPS测量只要求测站150m以上的空间视野开阔，与卫星保持通视即可，并不需要观测站之间相互通视。

（6）操作简便，自动化程度很高。GPS用户接收机一般重量较轻、体积较小、自化程度较高，野外测量时仅"一键"开关，携带和搬运都很方便。

（7）可提供全球统一的三维地心坐标。在精确测定观测站平面位置的同时，可以精确测量观测站的大地高程。

（8）全球全天候作业。GPS卫星较多，且分布均匀，保证了全球地面被连续覆盖，使得在地球上任何地点、任何时候都可进行观测工作。

（五）GPS测量的实施

GPS测量实施的工作程序可分为技术设计、选点与建立标志、外业观测、成果检核与数据处理等几个阶段。

1.技术设计

技术设计的主要内容包括精度指标的确定和网的图形设计等。精度指标通常是以网中相邻点之间的距离误差来表示，它的确定取决于网的用途。

网形设计是根据用户要求，确定具体网的图形结构。根据使用的仪器类型和数量，基本构网方法有点连式、边连式、网连式和混连式4种。

2.选点与建立标志

由于GPS测量观测站之间不要求通视，而且网的图形结构比较灵活，故选点工作较常规测量简便。但GPS测量又有其自身的特点，因此，选点时应满足如下要求：点位应选在交通方便、易于安置接收设备的地方，且视场要开阔；GPS点应避开对电磁波接收有强烈吸收、反射等干扰影响的金属和其他障碍物体，如高压线、电台、电视台、高层建筑和大范围水面等。点位选定后，按要求埋设标石，并绘制点之记。

3.外业观测

外业观测包括天线安置和接收机操作。观测时天线需安置在点位上，工作内容有对中、整平、定向和量天线高。由于GPS接收机的自动化程度很高，一般仅需按几个功能键（有的甚至只需按一个电源开关键），就能顺利地完成测量工作。观测数据由接收机自动记录，并保存在接收机存储器中，供随时调用和处理。

4.成果检核与数据处理

按照《全球定位系统（GPS）测量规范》（GB/T 18314–2009）要求，应对各项观测成果严格检查、检核，确保准确无误后，方可进行数据处理。由于GPS测量信息量大、数据多，采用的数学模型和解算方法有很多种，在实际工作中，一般是应用电子计算机通过一定的计算程序来完成数据处理工作。

四、GIS 的应用

（一）地理信息系统的概念

地理信息系统，是在计算机硬件、软件系统支持下，对现实世界（资源与环境）各类空间数据及描述这些空间数据特性的属性进行采集、储存、管理、运算、分析、显示、描述和综合分析应用的技术系统，它作为集计算机科学、地理学、测绘遥感学、环境科学、城市科学、空间科学、信息科学和管理科学为一体的新兴边缘学科而迅速地兴起和发展起来。地理信息系统中"地理"的概念并非指地理学，而是广义地指地理坐标参照系统中的坐标数据、属性数据以及以此为基础而演绎出来的知识。地理信息系统具备公共的地理定位基础、标准化和数字化、多重结构和具有丰富的信息量等特征。

（二）地理信息系统的功能

从应用的角度，地理信息系统由硬件、软件、数据、人员和方法五部分组成。硬件和软件为地理信息系统建设提供环境；硬件主要包括计算机和网络设备，储存设备，数据输入、显示和输出的外围设备等。GIS软件的选择，直接影响其他软件的选择，影响系统解决方案，也影响着系统建设周期和效益。数据是GIS的重要内容，也是GIS系统的灵魂和生命。

数据组织和处理是GIS应用系统建设中的关键环节。方法为GIS建设提供解决方案，采用何种技术路线，采用何种解决方案来实现系统目标，方法的采用会直接影响系统性能，影响系统的可用性和可维护性。人员是系统建设中的关键和能动性因素，直接影响和协调其他几个组成部分。

地理信息系统的功能包括数据的输入、储存、编辑功能；运算功能；数据的查询、检查功能；分析功能；数据的显示、结果的输出功能；数据的更新功能。

1.数据的输入、储存、编辑

任何方式的地理信息系统必须对多种来源的信息，各种形式的信息（影响、图形、数字、文档）实现多种方式（人工、自动、半自动）的数据输入，建立数据库。数据的输入是把外部的原始数据输入系统内部，将这些数据从外部格式转化为计算机系统便于处理的内部格式。数据的储存是将输入的数据以某种格式记录在计算机内部或外部储存介质上。数据的编辑功能为用户提供了修改、增加、删除、更新数据的可能。

2.运算

运算是为满足用户的各种查询条件或必需的数据处理而进行的系统内部操作。

3.数据的查询、检查

数据的查询、检查满足用户采用多种查询方式从数据库数据文件或贮存装置中查找和选取所需的数据。

4.分析

分析功能满足用户分析评价有关问题，为管理决策提供依据，可在操作系统的运算功能支持中建立专门的分析软件来实现，地理信息系统的分析功能的强弱决定了系统在实际应用中的灵活性和经济效益，也是判断系统本身好坏的重要标志。

5.数据的显示、结果的输出

数据显示是中间处理过程和最终结果的屏幕显示，包括数字化与编辑以及操作分析过程的显示，如显示图形、图像、数据等。

6.数据更新

由于某些数据不断在变化，因而地理信息系统必须具备数据更新的功能，数据更新是地理信息系统建立数据的时间序列，满足动态分析的前提。

（三）地理信息系统的建立

地理信息系统的建立应当采用系统工程的方法，从以下六个方面进行：

（1）地理信息系统工程的目标。根据客户的需要，确立系统的目标使用所需的各种资源，按一定的结果框架、设计、组织形成一个满足客户要求的地理信息系统。应在充分调研的基础上，分析客户的要求，将其形成文字，地理信息系统的目标是整个工程建设的基础。

（2）地理信息系统工程的数据流程与工作流程。①地理信息系统的空间数据流程。数据规范与信息源选择；数据的获得和标准化预处理；数据输入与数据库建库；数据管理；数据的处理、分析与应用；成果的输出与提供服务。②地理信息系统工程的工作流程。建立一个实用系统的工作流程分为四部分。前期准备：立项、调研、可行性分析、用户要求分析；系统设计：总体设计、标准集的产生、系统详细设计、数据库设计；施工：软件开发、建库、组装、试运行、诊断；运行：系统交付使用和更新。

（3）地理信息系统的实体框架。系统的实体框架是由系统的核心数据库和应用子系统构成。子系统可以是多个，它也是一个系统，子系统还可以分成更细一级的子系统，每个子系统都有其自身的目标、边界、输入、输出、内部结构和各种流程。

（4）地理信息系统的运行环境。地理信息系统运行的环境选择应：①最大限度地满足用户的工作要求。②在保证实现系统功能的前提下，尽可能降低资金的投入。③考虑一定时期内技术的相对先进性以及软硬件之间的相互兼容性。

硬件的配置应选择性能价格比较高，维护性好，可靠性高，硬件的运行速度及容量满足系统用户的要求，便于扩展，硬件商有高的技术实力、好的售后服务。

软件配置包括其他软件和供用户进行二次开发的GIS基本软件。

（5）地理信息系统的标准。为确保地理信息系统中的各数据库和子系统数据分类，编码及数据文件命名的系统性、唯一性，保证本系统与后继系统以及省内或国内外其他信息系统的联网，实现系统相互兼容，信息共享，地理信息系统的设计必须充分考虑到工程的技术标准，对规范化、标准化原则予以重视，在遵守已有国家标准、行业标准、地方标准的情况下，还应根据系统本身的需要制定必要的标准、规则与规定。

（6）地理信息系统的更新。地理信息系统是在动态中进行的，应在设计阶段充分考虑系统的更新，确保系统具有旺盛的生命力，满足不同阶段客户和社会的需要。

系统的更新包括硬件更新、系统软件更新、运行数据更新、系统模型更新、系统维护的技术人员知识更新等。

（四）地理信息系统在我国勘察行业中的应用

MAPGIS工程勘察GIS信息系统，旨在利用GIS技术对以各种图件、图像、表格、文字报告为基础的单个工程勘察项目或区域地质调查成果资料以及基本地理信息，进行一体化存储管理，并在此基础上进行二维地质图形生成及分析计算，利用钻孔数据建立区域三维地质结构模型，采用三维可视化技术直观、形象地表达区域地质构造单元的空间展布特征以及各种地质参数，建立集数字化、信息化、可视化为一体的空间信息系统，为相关部门提供有效的工程地质信息和科学决策依据。系统主要由以下几个功能模块组成：

（1）数据管理。数据管理子系统主要实现对地理底图、工程勘察所获取的资料和成果的录（导）入、转换、编辑、查询等功能。

第一，数据建库。地理底图库：可用数字化仪输入、扫描输入、GPS输入、全站仪输入和文件转换输入，采用海量数据库进行管理。工程勘察数据库：可用直接导入、手工输入、数据转换（支持属性类数据的批量导入）等多种方法录入，利用大型商用数据库进行管理。

第二，数据管理查询功能。a.提供与钻孔相关的试验表类属性数据与图形数据的关联存储管理功能。b.提供对各种三维地质模拟结果、成果资料的存储管理。c.提供与钻孔相关的各种基本信息及试验结果等属性信息的查询。d.提供对多种成果图件及统计分析表单等系统资料的查询。e.对数据的统计功能。

（2）工程地质分析及应用。①生成与钻孔相关的钻孔平面布置图、土层柱状图、岩石柱状图和工程地质剖面图。②生成各种等值线（彩色、填充），包括地层等值线（层顶、层底、层厚）、第四纪土等值线（层底、层厚）、基岩面等值线、地下水位等值线及其他等值线等。③生成各种试验曲线图：单桥静探曲线图、双桥静探曲线图、动力触探曲线图、波速曲线、十字板剪切试验曲线、孔压静力触探曲线图、三轴压缩试验曲线图、塑性图、e-p关系曲线、土的粒径级配曲线、直剪试验曲线图等。④与办公自动化OA系统的完美结合：根据工程勘察所获的数据自动生成工程勘察报告。

（3）三维地质结构建模可视化。①快速、准确地建立三维地质结构模型。系统根据用户选定的分析区域内的钻孔分层数据自动建立起表达该区域地质构造单元（地层）空间展布特征的三维地质模型；对于地质条件比较复杂的区域，可通过用户自定义剖面干预建模，处理夹层、尖灭、透镜体等特殊地质现象。②三维可视化表现功能。系统提供如下模型显示、表现功能：a.系统提供对三维模型的放大（开窗放大）、缩小，实时旋转、平移、前后移动等三维窗口操作功能，支持鼠标和键盘两种操作方式。b.钻孔数据的多种三维表现形式。c.提供对钻孔数据立体散点表现形式及立体管状表现形式。d.三维地质模型与钻孔数据的组合显示。可对某些感兴趣的地层进行单独显示和分析。③三维可视化分析功能：a.任意方向切割模型。b.立体剖面图生成。c.三维空间量算功能。

（4）成果生成与输出。①资料图件输出。输出指定范围内已有资料中的多种基础平面图图件，包括本区基础地理底图、水系分布图、地貌分区图、地质图、基岩地质图、水文地质图、工程地质图等。②表格数据输出。提供对各类表格数据、报表的输出。③平面成果图件生成：a.生成与钻孔相关的钻孔平面布置图、柱状图、剖面图。b.生成各种等值线（彩色、填充），包括地层等值线（层顶、层底、层厚）、第四纪土等值线（层底、层厚）、基岩面等值线等。④三维地质模拟结果输出：a.立体剖面栅状图。b.针对三维地质模型的空间分析、量算结果。c.三维地质模型静态效果图。d.三维地质模型漫游动画。

第二章　大比例尺地形图的测绘

第一节　地形图的基本知识

一、地形图概念

地球表面物体（地物）、地面起伏（地貌）状况及地面点之间的相互位置关系，可采用两种表示方法：一种是用数据表示；另一种是用绘图的方法表示，即将地面点位的测量成果绘在图上。以地图表示地物和地貌，可以增加对地面点位及其相互位置关系了解的直观性、全面性、似真性、方便性与清晰性。例如，某地区内有山地、丘陵、平地、河流、居民地、道路等，在图上可以同时表示出这些地物、地貌的情况及其分布与相互位置关系，使整个地区和局部范围内地面情况都呈现在用图者眼前，便于研究和使用。此外，地图还有便于携带等优点。现代测绘科学可以生产多种数字地图，也可以生产不同比例尺的各种用途的纸质图。地形图就是将地面一系列地物与地貌点的位置，通过综合取舍，把它们垂直投影到一个水平面上，再按比例缩小后绘制在图纸上的一种地图。这种投影称为正形投影，即投影后的角度不变，图纸上的地物、地貌与实地上相应的地物、地貌相比，其形状是相似的。

二、地形图的比例尺

为方便测图和用图，需将实际地物、地貌按一定比例缩绘在图上，故每张地形图是按比例缩小的图，且同一张图内各处比例一致。地形图比例尺的定义：图上任意线段长度（d）与实地相应线段的水平长度（D）之比，用分子为1的整分数表示，即$d/D=1/M$，M称为比例尺分母，M越大，比例尺越小。规定地形图使用的比例尺有如下几种：1∶500，1∶1000，1∶2000，1∶5000，1∶10000，1∶25000，1∶50000。只有在特殊用途时，方可采用任意比例尺。常用的比例尺见表2-1所示。

表2-1　常用的比例尺

	小比例尺	中比例尺	大比例尺
国家基本地形图	1∶50000	1∶25000，1∶10000	1∶5000，1∶2000，1∶1000，1∶500
工程地形图	1∶50000，1∶25000	1∶10000，1∶5000	1∶2000，1∶1000，1∶500

地形图上所表示的地物、地貌细微部分与实地有所不同，其精确与详尽程度，也受比例尺影响。地形图的传统绘制方法是经过人眼用绘图工具将测量成果绘于图上，测量中有误差，人眼观测和绘图中亦有误差。人眼分辨角值为60″，在明视距离（25cm）内辨别两条平行线间距为0.1mm，区别两个点的能力为0.15mm。通常将0.1mm称为人眼分辨率。

地形图上0.1mm所表示的实地水平长度，称为地形图的比例尺精度。由此可见，不同比例尺的地形图其比例尺精度不同。大比例尺地形图上所绘地物、地貌比小比例尺图上的更精确且详尽。地形图比例尺精度数值列于表2-2中。

表2-2　地形图比例尺精度数值

地形图比例尺	1∶500	1∶1000	1∶2000	1∶5000
地形图比例尺精度	5cm	10cm	20cm	50cm

据上所述，地形图的比例尺精度与量测关系有二：其一，根据地形图比例尺确定实地量测精度。如在1∶500地形图上测绘地物，量距精度达到±5cm即可。其二，可根据用图要求表示地物、地貌的详细程度，确定所选用地形图的比例尺。如要求能反映出量距精度为±10cm的图，应选1∶1000地形图。同一测区范围的大比例尺测图比小比例尺测图更费工时。

三、地形图的图幅、图号和图廓

（一）图幅

地图的量词为"幅"，一张地形图称为一幅地形图。图幅指图的幅面大小。图幅形状有梯形和矩形两种，其确定图幅大小方法不同。大比例尺地形图都采用矩形分幅，其中矩形图幅大小有40cm×40cm，50cm×50cm，50cm×40cm等几种，其中，50cm×50cm最为常见，最为常见的大比例尺地形图图幅大小及其代表实地面积见表2-3。

表2-3　大比例尺地形图图幅大小及其代表实地面积

比例尺	图幅大小/cm	实地面积/km^2	在1:5000图幅内的分幅
1:5000	40×40	4	1
1:2000	50×50	1	4
1:2000	50×40	0.8	5
1:1000	50×50	0.25	16
1:500	50×50	0.0625	64

（二）图名、图号、接图表

地形图的图名，一般是用本幅图内最大的城镇、村庄、名胜古迹或突出的地物或地貌的名字来表示的，并且注写在图幅上方中央。在保管、使用地形图时，为使图纸有序存放和检索，要将地形图进行统一编号，此编号称为地形图图号。图号标注在图幅上方图名之上。地形图编号方法详见本章第三节。接图表是本幅图与相邻图幅之间位置关系的示意图，供查找相邻图幅之用。接图表位置是在图幅左上方，绘出本幅与相邻四幅图的图名。

（三）图廓

图廓有内、外图廓之分，内图廓线就是测图边界线。内图廓之内绘有10cm间隔互相垂直交叉的短线，称为坐标格网。矩形图幅内图廓线也是千米格网线。梯形分幅图廓线为经纬线。因受子午线收敛角影响，经纬线方向与坐标网格方向不一致。故在1:100000及其以下比例尺地形图图廓内既有千米格网又有经纬线，大于1∶50000比例尺地形图上则不绘经纬线。其图廓点坐标用查表方法找出。外图廓线是一幅图最外边界线，以粗实线表示。

有的地形图（如1∶10000，1∶25000地形图）在内外图廓线间尚有一条分图廓线。在外图廓线与内图廓线空白处，与坐标格网线对应地写出坐标值。

外图廓线外，除了有接图表、图名、图号外，尚应注明测量所使用的平面坐标系、高程坐标系、比例尺、测绘方法、测绘日期及测绘单位和人员等。

第二节　地形图的符号

地球表面的形状是极为复杂的。通常把形态比较固定的物体叫作地物，又按它的成因不同分为人工地物和自然地物。前者如房屋、道路、桥梁等；后者如河流、矿山、森林等。把高低起伏的地面各种形态叫作地貌，如山峰、河谷、平原等。地物与地貌统称为地形。为了既真实又概括地表示这些地理现象，地形图是以一些特定的符号在图上表示的，这些符号称为地形图符号。

一、地物符号

地物符号是表示地面上具有明显轮廓的自然和人工物体的符号。由于实际地物的大小、形状差别很大，因此，按图比例尺缩小后，其图形大小差别也很大，有的能够在图上保持其相似图形，有的则无法显示，部分地物符号表见相关规范。所以地形图上的地物符号根据使用要求和图上的显示能力不同分为下列几种。

（一）比例符号

有些地物的轮廓较大，如房屋、稻田和湖泊等，它们的形状和大小可以按测图比例尺缩小，并用规定的符号绘在图纸上，这种符号称为比例符号。

（二）非比例符号

有些地物，如三角点、水准点、独立树和里程碑等，轮廓较小，无法将其形状和大小按比例绘到图上，则不考虑其实际大小，而采用规定的符号表示，这种符号称为非比例符号。非比例符号不仅其形状和大小不按比例绘出，而且符号的中心位置与该地物实地的中心位置关系，也随各种不同的地物而异。在测图和用图时应注意下列几点：

（1）规则的几何图形符号（圆形、正方形、三角形等），以图形几何中心点为实地地物的中心位置。

（2）底部为直角形的符号（独立树、路标等），以符号的直角顶点为实地地物的中心位置。

（3）宽底符号（烟囱、岗亭等），以符号底部中心为实地地物的中心位置。

（4）几种图形组合符号（路灯、消防栓等），以符号下方图形的几何中心为实地地物的中心位置。

（5）下方无底线的符号（山洞、窑洞等），以符号下方两端点连线的中心为实地地物的中心位置。

各种符号均按直立方向描绘，即与南图廓垂直。

（三）半比例符号（线形符号）

对于一些带状延伸地物（如道路、通信线、管道等），其长度可按比例尺缩绘，而宽度无法按比例尺表示的符号称为半比例符号。这种符号的中心线，一般表示其实地地物的中心位置，但是城墙和垣栅等，地物中心位置在其符号的底线上。同一地物在不同比例尺图中可能有不同的表示方法。在绘制和使用地形图时，要注意参照不同比例尺的地形图图式。

二、地貌符号

地貌是指地表面的高低起伏状态，它包括山地、丘陵和平原等。在图上表示地貌的方法很多，而测量工作中通常用等高线表示，因为用等高线表示地貌，不仅能表示地面的起伏形态，而且还能表示出地面的坡度和地面点的高程。

（一）等高线显示地貌的原理

有一座山，假想从山底到山顶，按相等间隔把它一层层地水平切开后，呈现各种形状截口线。然后再将各截口线垂直投影到平面图纸上，并按测图比例缩小，就得出用等高线表示该地貌的图形。该图形特点是，同一条曲线上各点高程都相等。

（二）等高距和等高线平距

等高距是相邻等高线之间的高差，亦称等高线间距，即水平截面间的垂直距离。同一幅地形图中等高距是相同的。

等高线平距是相邻等高线之间的水平距离。因为同一幅地形图上等高距是相同的，故等高线平距的大小将反映地面坡度的变化。地面段坡度平缓，其平距大；地面坡度陡，则平距小；若坡度相同，其相应等高线间的平距亦相等。另外亦可看出：等高距越小，显示地貌就越详细。但等高距过小，图上的等高线就过于密集，就会影响图面的清晰醒目。因此，在测绘地形图时，等高距是根据测图比例尺与测区地面坡度来确定的。国家测绘部门在地形测量规范中规定了不同比例尺地形图的基本等高距值，见相关规范。

（三）典型地貌的等高线

将地面起伏和形态特征分解观察，不难发现它是由一些地貌组合而成的。会用等高线表示各种典型地貌，才能够用等高线表示综合地貌。

1.山头和洼地

凡是凸出而且高于四周的单独高地称为山。大的称为山岭，小的称为山丘，山岭和山丘最高部位称为山头。比周围地面低下，且经常无水的地势较低的地方称为凹地。大范围低地称为盆地，小范围低地称为洼地。

山顶与洼地的等高线都是闭合环形。为区别山头与洼地等高线，使用示坡线。示坡线是指示地面斜坡下降方向线，它是一条短线，一端与等高线连接并垂直于等高线，表示此端地形高，不与等高线连接端地形低。示坡线指示坡度下降，用于判别谷地、山头的斜坡方向。

2.山脊与山谷

山脊是从山顶到山脚的凸起部分，很像脊背状。山脊最高点连线称山脊线。以等高线表示的山脊是等高线凸向低处，雨水以山脊为界流向两侧坡面，故山脊线又称分水线。

山谷是两个山脊间的低凹部分，表示山谷等高线是凹向低处（或凸向高处）。雨水从山坡面汇流在山谷。山谷最低点连线称山谷线，又称合水线。分水线（山脊线）和合水线（山谷线）统称为地性线。

3.鞍部

鞍部是连接两山之间呈马鞍形的凹地。鞍部在地性线上的位置，既处于两山顶的山脊线连接处，又是两合水线的顶端。

4.陡坡和悬崖

陡坡是地面坡度大于70°的山坡，等高线在此处非常密集，绘在图上几乎呈重叠状。为便于绘图和识图，地形图图式中专门列出表示此类地貌的符号；悬崖是上部突出中间凹进的地貌，其等高线投影在平面上呈交叉状。

（四）等高线的种类

1.首曲线

首曲线亦称基本等高线，即为按规定等高距测绘的等高线。大比例尺地形图上首曲线的线划宽度为0.15mm的实线。

2.计曲线

计曲线亦称加粗等高线，为便于查看等高线所示高程值，由零米起算，每隔四条基本等高线绘一条加粗等高线，即线划宽度0.25mm的实线。

3.间曲线

间曲线又称半距等高线，即为按基本等高距一半而绘制的等高线，用长虚线表示。线划直径与首曲线相同。用半距等高线可以补充表示基本等高线显示不出的重要而较小的地貌形态。

4.助曲线

助曲线又称辅助等高线。助曲线是按基本等高距1/4绘制的等高线，用短虚线表示，线划直径与首曲线相同。用助曲线可以补充间曲线表示不完全的地貌形态。

（五）等高线的特性

（1）同一条等高线上的各点高程相等。

（2）等高线为连续闭合曲线。如不能在本图幅内闭合，必定在相邻或其他图幅内闭合。等高线只能在内图廓线、悬崖及陡坡处中断，不得在图幅内任意处中断。间曲线、助曲线在表示完局部地貌后，可在图幅内任意处中断。

（3）相同高程的等高线不能相交。不同高程的等高线除悬崖、陡坡外不得相交也不能重合。

（4）同一幅图内，等高距相同时，平距小表示坡度陡，平距大则坡度缓，平距相等则坡度相等。

（5）跨越山脊、山谷的等高线，其切线方向与地性线方向垂直。

三、注记

注记是对地物和地貌符号的说明和补充。它包括以下几类：

（1）名称注记。例如，村镇名、机关单位名、山名、河流名等。

（2）说明注记。例如，地物或管线的性质、经济林木或作物的品种，以及大面积土质、植被等的说明。

（3）数字注记。例如，山峰的高程、河流的深度等。

第三节　图根点加密与测图前准备工作

地形测图的工作程序，一般是先在测区内加密各等级控制点，各作业组再依据高级控制点加密图根点，当图根点不能满足测图需要时，再增补测站点。而后充分利用各级控制点和测站点做测图时的测站进行测绘地形图。对分幅测绘的每幅图经过拼接、全面检查、验收和清绘与整饰，连同技术总结一起移交。本节重点介绍图根点的加密与测图前准备工作。

一、图根点的测量和加密方法

图根点的测量方法可根据测区的条件，布设成线形锁、中点多边形、交会、导线等形式，也可用GPS定位法测定图根点。目前测距仪和全站仪的普及，使以光电测距导线作为图根控制居多。更为方便的方法是以全站仪极坐标法测定图根点。图根高程多采用全站仪三角高程。

全站仪用于测图时可采用一种一步测量法测定图根点。所谓一步测量法，就是利用全站仪直接测定、存储坐标的功能，从高级点开始，用导线的形式直接测定各点坐标。但不需将全部导线测定后再测图，而是测定一个点坐标之后，直接利用该点坐标作为已知数据进行测图，即将每一点的图根测量和测图统一起来，不再分步进行。这一站的附近地形图测绘结束后，再移到下一站，同样是测定图根之后直接测图，一直联测到另一个高级控制点。

当出现坐标闭合差时，按点间距离成比例将闭合差配赋到各图根点上，而不需改动测图内容。这里要注意的是，导线的总长不应超过有关规定，即出现的坐标闭合差不能超过所测图的比例尺精度。为了保证最后坐标闭合差不超限，每站转测时都应有有效的栓接方法。在等级点下加密图根点时，不应超过二次附合。

二、测图前准备工作

（一）图纸准备

图纸准备是将各类控制点坐标展绘在图纸上以供测图之用。目前广泛采用透明聚酯薄膜片作为图纸。经热定型处理的聚酯薄膜片，在常温时变形小，不影响测图精度。膜片表面光滑，使用前需经磨版机打毛，使其毛面能吸附绘图墨水及便于铅笔绘图。膜片是透明图纸，测图前在膜片与测图板之间衬以白纸或硬胶板，透明膜片与图板用铁夹或胶纸带固定。小地区大比例尺测图时，往往测区范围只有一两幅图，则可用白纸作为图纸。将图纸用胶带固定在图板上，图纸与图板间不能存有空气。

（二）绘制坐标格网

各种控制点需根据其平面直角坐标值x、y展绘在图纸上。为此需在图纸上选绘出10cm×10cm正方形格网，作为坐标格网（又称方格网）。用坐标展点仪

（直角坐标仪）绘制方格网，是快速而准确的方法。

五四型格网尺，它是一根金属尺，适用于绘制50cm×50cm的方格网。

格网尺上每隔10cm有一孔；每孔有一斜边，最左端的孔为起始孔，起始孔的斜边是一直线。其上刻有一细线为指示零点的指标线。其余各孔及尺的末端（右端）的斜边均是以零点为圆心，各以10、20、30、40、50及70.711cm为半径的圆弧线。70.711cm为50cm×50cm正方形对角线的长度。用坐标格网尺绘制坐标格网的方法和步骤如下所述：

（1）用削尖的铅笔在图纸的下边缘画一直线（并目估使其与下边缘平行）。在直线上定出左端点a，将尺的零点对准a，沿各孔画与直线相交的短线，最后定出右端点b。为了保留图廓外整饰所需宽度，应使绘制的方格网位于图板中央，为此，要先大致确定a、b两点的图上的概略位置。

（2）将尺的零点对准a，目估使尺子垂直于直线ab，沿各孔画短线。

（3）将尺的零点对准b，目估使尺子垂直于直线ab，沿各孔画短线。

（4）将尺的零点对准a，使尺子沿对角线放置，依尺子末端斜边画弧线，使之与右上方第一条短弧线相交得c点。

（5）目估使尺子与图纸上边缘平行，将尺子的零点对准c，使尺子的末端与左上方第一条短弧线相交得d点，并沿各孔画短线。

（6）连接a、b、c、d各点，测得每边为50cm的正方形。再连接正方形两对边的相应分点，即得每边为10cm的坐标方格网。

绘出坐标格网后，应检查方格的正确性。首先，用整个图幅对角线ac、bd检查，ac应等于bd并检查对角线长度是否正确，其误差允许值不超过图上0.2mm。超过此值应重新绘制格网。其次，检查每方格角顶是否在同一直线上。用直尺沿与ac及bd平行方向推移，若角顶点不在同一直线上，其偏差值应小于图上0.2mm。超过允许偏差值时，应改正或重绘。

（三）展绘控制点

坐标格网绘制并检查合格后，根据图幅在测区内位置，确定坐标格网左下角坐标值，并将此值注记在内图廓与外图廓之间所对应的坐标格网处。然后，进行点的坐标展绘。展点可用坐标展点仪将控制点、图根点坐标按比缩小逐个地绘在图纸上。下面介绍人工展点方法。例如，控制点D坐标为：$X_D=46175m$，$Y_D=$

87660m。首先确定D点所在方格位置为mnlk。自m、n向上量ma＝nb＝75/M（M是比例尺分母），再用ka＝lb＝25/M检查，得出a、b两点。同样用y值得出c、d两点。ab与cd交点即为D点在图上位置。同样方法将图幅内所有控制点展绘在图上。用实地长度与图上长度对比检查，其边长不符值应小于图上0.3mm。展绘完控制点平面位置并检查合格后，擦去图幅内多余线条。图纸上只留下图廓线、四角坐标、图号、比例尺以及方格网十字交叉点处5mm长的相互垂直短线，用符号标出控制点及其点号和高程。现在，利用计算机和绘图仪已能高质量完成方格网绘制及展点工作。

第四节　大比例尺地形图的测绘

测图时将安置仪器的控制点称为测站点。测图的方法较多，下面介绍一些常用测图方法。

一、经纬仪测绘法

经纬仪测绘法是将经纬仪置于测站上，并用经纬仪测定至碎部点的方向与已知方向之间的夹角，用视距法或卷尺丈量控制点到碎部点的距离。根据测量数据用量角器在图板上以极坐标法确定地面点位，并勾绘成图，称为经纬仪测绘法。

（一）经纬仪测绘法测图步骤

（1）将经纬仪安置在测站上并量出仪器高。以盘左0°00′00″对准相邻任一图根点，作为起始方向读数。自起始方向顺时针转动照准部，逐个照准碎部点。读出测站点至碎部点方向值，并用视距法求出测站与碎部点间距离和高差。

（2）在图板上用量角器将碎部点与起始方向间夹角绘在图上，也就是将测站至碎部点方向线绘在图上。在此方向线上按比例截取测站至碎部点所测的距离，得出碎部点平面位置。再将用视距法求出碎部点的高程注记在图上碎部点位置旁。

（3）参照地面情况，用地物符号将碎部点连接起来；根据碎部点高程，绘出表示地貌的等高线。至此完成一个测站的测图工作。

（二）测图时需注意的问题

（1）测图前应检查经纬仪竖盘指标差，其值不应大于2″，否则应进行校正或在视距计算中加入指标差改正数。

（2）设站时应进行必要的检查。①测站点检查：用视距法测绘另一测站点，水平距离较差不应大于图上0.2mm；高程较差不应大于1/5等高距。②重合点检查：测定上一测站所测绘的明显地物点，其平面位置较差不应大于图上$2\sqrt{2}$×0.6mm，高程较差不应大于$2\sqrt{2}$×1/3等高距。③观测过程中每测20~30个碎部点应检查一下零方向，观察水平度盘位置是否发生变动。测站工作结束时，应再做一次定向检查。

二、全站仪数字化测图法

随着计算机技术的发展和电子全站仪的出现，应用全站仪进行数字化测图，正在得到大力开发和推广应用。传统的纸质测图，其实质是图解法测图。在测图过程中，将测得的观测值——数字值按图解法转化为静态的线划地形图，这种转化使得所测数据精度大大降低，设计人员用图时又要产生解析误差。数字化测图技术的应用使得上述问题迎刃而解。

数字化测图的实质是解析法测图，将地形图图形信息通过测绘仪器或数字化仪转化为数字量，输入计算机，以数字形式存储，从而便于传输与直接获得地形的数量指标，需要时通过显示屏显示或用绘图仪绘制出纸质地形图。因其数据成果易于存取，便于管理，所以是今后建立地理信息系统（GIS）的基础。

（一）全站仪测图的主要设备配置

1.全站仪

全站仪照准镜站目标后，可以自动测距、测角，亦可以得到高差、高程、坐标等。由于电子全站仪可以对采集到的数据进行预处理和自动存储，避免了读数、计算、记录数据的误差和可能发生的错误，又由于电子全站仪测距精度高，测定碎部点时其视距长度可以大大增加，因而大大减少了图根控制点，极大地减少了控制测量工作量。

2.计算机和绘图软件

全站仪在野外采集的数据，可以通过数据输出接口与计算机相连接，直接输入计算机，避免了大量数据转抄可能发生的错误。测图软件装在计算机上，对外业数据进行处理并生成数字地图。

3.绘图仪

当需要使用纸质图时，还需配备绘图仪。绘图仪分为滚筒式和平台式，有多种类型和幅面。使用时用专用接口直接与计算机相连。用全站仪测图的作业模式还有以下几种：

（1）野外全站仪测得的数据通过远程无线通信直接传输给室内计算机，内业操作人员根据计算机上生成的图像中存在的问题，通过远程无线通信遥控外业人员及时修测和补测。

（2）全站仪测得的数据通过数据输出接口输入野外的便携式计算机，在野外直接修测、补测，完成测图。

（3）由于全站仪测图视距可达几百米、上千米，因此测站上的人员对镜站处的地形、地物不甚清楚，一旦镜站编码出现问题，便会给测图带来麻烦。比较先进的方法是全站仪把测得的数据通过无线通信传输给镜站的便携式计算机，由镜站人员将实地地形与站板上的图形相对照，边走边测，避免了可能发生的丢测、错测，提高了精度和速度。也有在全站仪上安装伺服马达由镜站人员遥控全站仪进行跟踪操作的。如此测图，全部工作只需镜站上一个人，故也称为"一人系统"。

（二）数据采集

在控制点、加密的图根点或测站点上架设全站仪，全站仪经定向后，观测碎部点上放置的棱镜，得到方向、竖直角（或天顶距）和距离等观测值，记录在电子手簿或全站仪内存；或者由记录器程序计算碎部点的坐标和高程，记入电子手簿或全站仪内存。野外数据采集除碎部点的坐标数据外还需要有与绘图有关的其他信息，如碎部点的地形要素名称、碎部点连接线型等，以便由计算机生成图形文件，进行图形处理。

为了便于计算机识别，碎部点的地形要素名称、碎部点连接线型信息也都用数字代码或英文字母代码来表示，这些代码称为图形信息码。根据给予图形信息码的方式不同，野外数据采集的工作程序分为两种：一种是在观测碎部点时，绘制工作草图，在工作草图记录地形要素名称、碎部点连接关系，然后在室内将碎部点显示在计算机屏幕上，根据工作草图连接碎部点，输入图形信息码和生成图形。另一种是采用笔记本电脑和掌上电脑作为野外数据采集记录器，可以在观测碎部点之后，对照实际地形输入图形信息码和生成图形。

第五节　地形图的分幅与编号

在地形图测绘、使用和管理中，需将各种比例尺地形图按统一方法分成许多幅图，并按某种系统编号。常用的有梯形与矩形两种分幅与编号方法。

一、梯形分幅与编号

梯形分幅是指按经纬线度数与经差、纬差值进行地形图分幅，其图幅形状为梯形。我国采用全球统一分幅编号方法，即各种比例尺地形图是以百万分之一地图图幅为基础，顺序逐次分幅与编号。现将各比例尺地形图图幅的经纬差列入表2-4中。

表2-4　地形图幅的经纬差

比例尺	1：1000000	1：500000	1：200000	1：100000	1：50000	1：25000	1：10000	1：5000	1：2000
纬差	4°	2°	40′	20′	10′	5′	2′ 30″	1′ 15″	25″
经差	6°	3°	1°	30′	15′	7.5′	3′ 45″	1′ 52.5″	37.5″

（一）国际百万分之一地形图分幅与编号

国际分幅是将整个地球用经纬线分成格网状。自赤道向两极纬差每隔4°

为一横行，每一横行用大写英文字母表示。即从纬度0°开始至南北纬度88°为止，南北半球各22横行，分别用A～V表示。以极点为圆心，纬度88°的圆用Z表示。北半球在英文字母前加N，南半球加S。我国国土皆在北半球，故省去N。用每隔6°的经线从经度180°起自西向东将地球分成60纵行，用阿拉伯数字1～60表示顺序。西经编号1～30，东经编号31～60。这样每个梯形格网（纬差4°，经差6°）可用英文字母与阿拉伯数字进行编号。编号写法：英文字母在前，用"—"连接阿拉伯数字。

例如，已知A点经度为北纬36°52′58″，东经118°17′40″，求A点所在1∶1000000图幅编号。横行号＝纬度÷4取进位后整数，等于10，用相应英文字母顺序J表示；纵行号＝经度÷6取整数加1，再加30等于50。故A点所在百万分之一图幅编号为J—50。注意：取整计算时，小数只能进不能舍。

（二）五十万分之一，二十万分之一，十万分之一地形图分幅编号

此三种比例尺地形图是在百万分之一地形图基础上分幅。根据经纬差（见表2-4），可知每幅百万分之一图幅可分别分为4幅1∶500000图幅，16幅1∶250000图幅，144幅1∶100000地形图图幅。其编号方法分别用ABCD、（1）～（16）及1～144表示，从左到右、自上而下按顺序编排。书写图幅时，应先写出该幅所在百万分之一图幅编号，再用"—"连续接该幅图在百万分之一图幅中的编号。

（三）五万分之一，二万五千分之一，万分之一地形图的分幅编号

此三种比例尺图是以十万分之一为基础，在1∶100000图幅编号内继续分幅编号。其分幅方法亦是按经差、纬差将1∶100000地形图图幅分成四等份。用A～D，（1）～（64）表示1∶50000、1∶10000比例尺图在1∶100000地形图中的编号。编号顺序亦采用从左到右、自上而下依次排列。书写图幅号时，选写出所在百万分之一图幅号，再用"—"连接本幅图在1∶100000图幅内编号。

如B点所在1∶50000比例尺地形图编号为J—50—5—B，1∶10000比例尺地形图图幅编号为J—50—5—（24）。1∶25000比例尺地形图则是将1∶50000图幅分成四份并用1～4编号。故B点所在1∶25000比例尺地形图的编号为J—50—5—B—4。

（四）五千分之一、二千分之一地形图的分幅编号

将每幅1：10000比例尺地形图分成四幅1：5000图，其编号是在1：10000图编号后加小写英文字母a、b、c或d。1：5000图幅的1/9即为1：2000地形图图幅。其编号是在1：5000图幅编号后加"—"，再分别加1~9。由于统分幅是梯形分幅，图廓点坐标是按经纬度查表得出的，故各种比例尺的图廓尺寸不尽相同。

二、矩形分幅与编号

矩形分幅指图幅形状呈矩形或正方形。矩形图幅不按经纬线展绘图廓线。千米格网线构成直角坐标格网，图幅四周千米格网线即为测图的内图廓线。矩形分幅适用于小面积或独立地区大比例尺地形图测图。其平面坐标有时可以采用独立直角坐标系（假定平面直角坐标系），更多的场合使用高斯平面直角坐标单独分幅。分幅方法是用所在图幅内按高斯平面坐标系计算出的控制点x、y值，并参照这些控制点在测区内分布情况，确定图幅左下角坐标。此种分幅图廓点坐标不与梯形统一分幅图廓点坐标一致。可以说图廓内测绘面积是跨梯形图幅的测绘面积。

矩形图幅大小有40cm×40cm，50cm×50cm，50cm×40cm等几种（见表2-3）。

矩形分幅是以1：5000图为基础，取其图幅西南角的坐标值（以千米为单位）作为1：5000图的编号。另外，各种比例尺图的编号的编排顺序均为自西向东，自北向南。由于矩形分幅不是全球统一分幅，其编号方法较灵活，可以根据实用自行拟定图号，很便于使用。

第六节　地形图的应用

在国民经济建设和国防建设中，各项工程建设的规划、设计阶段，都需要了解工程建设地区的地形和环境条件等资料，以便使规划、设计符合实际情况。在一般情况下，都是以地形图的形式提供这些资料的。在进行工程规划、设计时，要利用地形图进行工程建（构）筑物的平面、高程布设和量算工作。因此，地形图是制定规划、进行工程建设的重要依据和基础资料。在每一项工程建设之前，都要先进行地形测量工作，以获得规定比例尺的现状地形图。对于相关工程专业人员，能够正确地判读和使用地形图，具有十分重要的意义。

一、地形图应用概述

（一）用图比例尺的选择

各种不同比例尺地形图，所提供信息的详尽程度是不同的，要根据使用地形图的目的来选择。例如，对于一个城市的总体规划或一条河流的开发规划，都可能涉及大片地区，需要的是宏观的信息，就得使用较小比例尺的地形图。对于居民小区和水利枢纽区的设计，则多使用1：10000和1：5000地形图。详细规划和工程项目的初步设计，可以用1：2000地形图。对于小区的详细规划，工程的施工图设计，地下管线和地下人防工程的技术设计，工程的竣工图，为扩建和管理服务的地形图，城镇建筑区的基本图，多用1：1000和1：500比例尺图。当同一地区需要用到多种比例尺国家基本图幅地形图时，如1：10000，1：5000，1：2000梯形分幅的国家基本图，一般采用国家统一规定的高斯平面直角坐标系的地形图。要注意区分其坐标系统是"1954年北京坐标系"还是"1980年国家大地坐标系"。有些城市地形图使用城市坐标系，有些工程建设用的地形图是独立坐标系。至于高程系统，要注意区分高程基准是采用"1956年黄海高程系统"还是"1985国家高程基准"。地形图的信息是通过图例符号传达的，图例符号是地形图的语言。用图时,首先要了解该幅图使用的是哪一种图例,并对图例进行认真阅读,了解各种符号的确切含义。此外,若要正确判读地形图还要在了解地形图符号的含义后,对其正确理解,将其具体化、形象化,使符号所表达的地物、地貌在头脑中形成立体概念。

(二)了解图的施测时间等要素

地形图反映的是测绘时的现状,读图用图时要注意图纸的测绘时间。如果图纸未能反映的地物、地貌变化,应予使用最近修测、补测现势性强的图纸为好。另外,还要注意图的类别,是基本图还是规划图、工程专用图,是详测图还是简测图等,注意区别这些图精度和内容取舍的不同。

二、地形图应用的基本内容

(一)求解点位的平面坐标

根据地形图上的坐标格网线,可以求出地面上任意点位的平面坐标。

(二)求解点位的高程

如果某点位置恰好位于某条等高线上,则这点的高程就等于该等高线的高程。如果所求点位于两条等高线之间,则可用线性比例内插法计算。

(三)求解两点间距离

要确定AB直线的水平距离,可采用图解法或解析法求算。

1.图解法

图解法是用卡规在图上直接卡出AB长度,再与图上图示比例尺比量。如果没有图示比例尺,且精度要求不高时,亦可用三棱尺按相应比例尺读数面直接在图上量测。

2.解析法

当精度要求较高或两点不在同一幅图上,可用解析法量测。即首先按前述方法分别求出A、B点平面坐标,再按两点间距离公式计算。

（四）求解直线坐标方位角

当量测的精度要求不高时，可以用比例尺直接在图上量取或利用复式比例尺量取两点间的距离，用量角器直接在图上量测直线的坐标方位角。对于直线坐标方位角的求解坐标，即：可根据坐标求得直线AB的坐标方位角，采用图解法和解析法。

1.图解法

分别过A、B点作平行于坐标纵线的直线，然后用量角器量测（$\alpha_{AB}=\alpha_{BA}+180°$），即为所求。如果不等，可取其中数作为最后结果。

2.解析法

当精度要求高或A、B点不在同一幅图上时，可用解析法计算，即先求出A、B两点的平面坐标。坐标方位角在哪一个象限及其数值，可根据ΔX_{AB}和ΔY_{AB}的正负号来判断或直接在图上确定。

（五）求解直线的坡度

要确定图中地面线AB的坡度i，可先量测出两点间水平距离D与高差h。设图示比例尺为M。一般情况下，一条直线上的坡度是变化的，通常所谓直线的坡度，是指该直线的平均坡度。

（六）按限制坡度选定最短路线

某些工程建设（如道路、渠道、管线等）在工程设计时，常遇到坡度限制的问题。利用地形图，就可以在图上规划设计线路位置、走向和坡度，计算工程量，进行方案间的比较。要从山底A到山顶B点修一条公路，限制坡度i为5%。图的比例尺为1∶2000，等高距h为5m。要满足设计要求，可先求出路线在相邻等高线之间的最小平距d。

然后，以A点为圆心，d为半径作弧，交55m等高线于1及1'点，再分别以1及1'点为圆心，d为半径作弧交60m等高线于2及2'点，如此直到线路到达山顶B点，然后把相邻点连接起来，即为所求最短线路。如果相邻等高线间平距大于d，说明地面坡度小于坡度，路线可按实际情况，反复比较不同方案，选择其中施工方便、经济合理的一条。

（七）绘制断面图

所谓断面图，就是用一个竖直平面与地面相截，其交线反映在图纸上就称为断面图。它能直观地表示一定方向的地形起伏变化，在线路、管线、隧道、桥梁等工程设计时，常用到断面图。

AB方向的断面图绘制方法如下：首先在方格纸或绘图纸上绘一坐标系，横轴表示水平距离，纵轴表示高程，水平距离的比例尺与地形图的比例尺一致。为了能更明显地表示出地面起伏状况，高程的比例尺为水平距离比例尺的10～20倍。然后以A点作为原点，分别在原地形图上量取AB方向线上各等高线各交点到起点A的距离，按所量距离分别在横轴上标出1、2、3省略号各点，再在地形图上读取各交点的高程。对于一些特殊点位如断面过山脊和山谷处的方向变化点的高程，可用内插法求出。这样根据各点的高程在纵坐标线上标出相应点位，最后用光滑曲线把相邻点连接起来，就可得到AB方向的断面图。

三、地形图上量算量面积

在地形图上量算面积是地形图应用的一项重要内容。量算面积的方法有几何图形法、网点法、求积仪法、坐标解析法等。

图解法是将欲计算的复杂图形分割成简单图形如三角形、平行四边形、梯形等再量算。如果图形的轮廓线是曲线，则可把它近似当作直线看待，精度要求不高时，可采用透明方格法、坐标解析法等计算。

（一）透明方格法

用透明的方格纸蒙在图纸上，统计出图纸所围的方格整格数和不完整格数，然后用目估法对不完整的格数凑整成整格数，再乘以每一小格所代表的实际面积，就可得到图形的实地面积。也可以把不完整格数的一半凑成整格数参与计算。

（二）坐标解析法

坐标解析法是依据图块边界轮廓点的坐标计算其面积的方法，坐标解析法量算面积的精度较高。对于三角形或任意多边形，如果知道各顶点的坐标，则可采用坐标解析法来计算。如果是曲线围成的图形，可将特征点连同加密点一起构成轮廓点，然后用坐标解析法计算面积。

四、在地形图上确定汇水范围

当铁路、道路跨越河流或山谷时，需要建造桥梁或涵洞。在设计桥梁或涵洞的孔径大小时，需要知道将来通过桥梁或涵洞的水流量，而水流量是根据汇水面积来计算的。汇水面积指的是雨水流向同一山谷地面的受雨面积。

为了计算汇水面积，需要先在地形图上确定汇水范围。汇水范围的边界线是由一系列的分水线连接而成的。根据山脊线是分水线的特点，将山顶沿着山脊线，通过鞍部用虚线连接起来，即得到通过桥涵的汇水范围。

五、地形图在地质勘探工程中的应用

地质勘探是大量使用地形图的部门，使用最多的有如下几个方面：

（一）地质填图

地形地质图是地质勘探成果最基本的图件，它反映了勘探区域中地形、地物的矿层的分布范围、产状变化、地质构造等。地形地质图是采矿、厂房、铁路、高压线路等设计的重要依据。地形地质图是通过地质填图绘制的。

（二）勘探线设计

钻探工程都是沿勘探线进行的。为使钻探工作收到预期的效果，勘探线需要在地形图或地形地质图上设计出勘探线的位置、勘探线的线距及钻孔的间距。

（三）储量计算

在初查阶段，矿藏的储量计算是在地形图上进行的。储量计算的方法很多，这里只介绍三棱柱法，其方法和步骤如下：

（1）根据地形图的比例尺算出构成三角形的三个钻孔所代表的实地面积 D。

（2）根据钻孔所见矿层的高程确定矿层的倾角，该三角形内矿层的空间面积 $S=D/\cos$。

（3）根据钻孔所见矿层的垂直厚度H'，确定矿层的法线厚度$H=H'\cos\theta$。

（4）计算三角形内矿层的平均法线厚度$H_平=1/3(H_1+H_2+H_3)$。

（5）矿层的体积$y=s\cdot H_平=s/3(H_1+H_2+H_3)$。

（6）矿层的体积乘以矿层的质量密度为该三角形内的储量。

（7）以上述方法求各钻孔三角形的储量，并求出各三角形的储量之和。

（四）根据地形图作地质剖面图

地质剖面图一般应按照剖面测量的方法绘制，当地质剖面图要求的精度不高时，可根据已有地形图进行切绘。

六、地形图在采矿工程中的应用

地形图在采矿中的应用十分广泛，主要包括如下几个方面：

（1）根据矿藏的埋藏情况及地形情况，确定井口和工业广场的位置。

（2）根据矿藏的分布情况及主要地质构造，在地形图上确定井田技术边界的位置。

（3）根据矿藏的埋藏情况及地形情况布置铁路和高压供电线路，为了避免开采下沉的影响，铁路和高压线路不应布置在开采矿层的上方。

（4）根据地形图布置工业广场内所有工业建筑物和设施的位置及地下电缆、管道和保护煤柱的边界。

（5）利用地形图编绘井上、下对照图。

七、地形图在农田水利工程中的应用

（一）农业区域规划

大面积的农田区域规划需要在地形图上进行，主要包括以下几种：

1.林业区域规划

根据地表坡度，一般25°以上的陡坡宜发展林业，以利水土保持。规划时需将林区的边界、范围标到地形图上。

2.作物种植规划

以地形图为底图填绘作物种植规划图，此图可以是单一作物规划图，也可以

是多种作物混合种植规划图。各种作物的分布、种植面积、轮作安排在图上一目了然。

3.土壤调查

在野外调查的基础上以地形图为底图填绘土壤分布图。土壤分布图是种植规划和科学种田的依据，图上需标出土壤的类型、分布及面积。

4.农旱田的改造规划及梯田设计

根据地形的高低和水源状况，规划旱地和水田的改造区域位置和面积；根据地表坡度设计梯田的田面宽度、田坎高度和田坎侧坡。

5.土地平整

在农田基本建设当中，岗坡地需要进行平整，其方法与工业广场相似。

6.水利工程总体规划

水利工程总体规划包括库址、坝址位置的选择及渠道的布设。在灌区较大、地形复杂的地区，应结合排灌的需要、地势的高低、坡度的大小先在地形图上作出规划，然后结合现场踏勘、方案比较，确定水库、大坝及水渠的最终位置。

（二）水库水坝选址、库容计算

1.水库水坝选址

选址的主要依据如下：

（1）库址汇水面积的大小。汇水面积和降雨量决定着水库的蓄水量，选址时应按地形图将不同地区的汇水界线勾绘出来并量测其面积。

（2）坝身的长度。水库的拦水坝越长，则投资越大，因此坝址应选在狭小的山谷口处。

（3）库址应高于农田并靠近农田，这样可以自流灌溉。

（4）其他因素，如库底是否漏水，库区是否有充足、永久的泉水等。

2.库容计算

库容是水库最高水位线以下蓄水量的体积。计算库容时，先求出淹没面积之内各条等高线所围成的面积，然后计算各相邻等高线之间的体积，最后求各体积之和即为库容。

第三章　岩土工程勘察概述

第一节　岩土工程与岩土工程勘察的基本概念

一、岩土工程的基本概念

岩土工程在国外一些地区或国家又被称为大地工程、土力工程或土质工学。它不仅把岩土体作为工程建设环境、建设材料，而且把它与建（构）筑物联系起来，组成一个整体，进行合理的利用、整治和改造，以求解决和处理工程建设中出现的岩体和土体有关的工程技术问题。岩土工程不仅要研究工程建设所在地域的地质环境特征，而且还要掌握工程建设特性和要求，不脱离工程建设要求进行地质环境质量评价，把工程建设所依赖的物质基础——岩土体与工程建设具体要求紧密结合起来，视为一个整体进行分析、评价、利用、整治和改造。它贯穿在工程建设的全过程，是基本建设的一个重要组成部分，包括勘察、设计、施工、治理和监测、监理几大环节。我国将岩土工程定义为"以土力学、岩体力学及工程地质学为理论基础，运用各种勘察探测技术对岩土体进行综合整治、改造和利用而进行的系统性工作"。因此，我们可以这样认为："岩土工程是以土力学、岩体力学、工程地质学（水文地质学）、地基基础工程学为基础理论，主要从事岩土工程勘察、岩土工程设计、岩土工程治理（施工）、岩土工程监测和监理，用以解决和处理在工程建设中出现的所有与岩土体有关的工程技术问题的新型专业技术科学。"岩土工程、工程地质都是工程与地质的结合，但工程地质是侧重于地质环境自身质量评价。岩土工程则侧重于工程，把地质环境质量分析、评价、利用、整治、改造与工程紧密结合起来，要为工程建设服务，满足工程建设的要求，服务于工程建设全过程，而且力求技术与经济的统一，这也是岩土工程的本质所在。

岩土工程主要包括五个方面的工作内容：①岩土工程勘察；②岩土、工程设计；③岩土工程治理（施工）；④岩土工程监测（及检测）；⑤岩土工程（咨询）监理。

二、岩土工程勘察的基本概念

国家标准《岩土工程勘察规范》（GB 50021-2001）将岩土工程勘察定义为，根据建设工程的要求，查明、分析、评价建设场地的地质、环境特征和岩土工程条件，编制勘察文件的活动。即岩土工程勘察是根据建设工程要求，运用各种勘测技术方法和手段，为查明建设场地的地质、环境特征和岩土工程条件而进行的调查研究工作。并在此基础上，按现行国家、行业相关技术标准、规范、规程以及岩土工程理论方法，去分析和评价建设场地的岩土工程条件，解决存在的岩土工程问题，编制并提交用于工程设计与施工等的各种岩土工程勘察技术文件。因此，岩土工程勘察是一项集现场调查，室内资料整理、分析、评价与制图的工程活动，是岩土工程的重要组成部分。

根据以上定义，岩土工程勘察主要有五个方面的含义：

（1）岩土工程勘察是为了满足工程建设的要求，有明确的工程针对性，不同于一般的地质勘察。

（2）"查明、分析、评价"需要一定的技术手段，即工程地质测绘和调查、勘探和取样、原位测试、室内试验、检验和监测、分析计算、数据处理等，不同的工程要求和地质条件，采用不同的技术方法。

（3）"地质、环境特征和岩土工程条件"是勘察工作的对象，主要指岩土的分布和工程特征，地下水的分布及其变化，不良地质作用和地质灾害等。

（4）勘察工作的任务是查明情况，提供数据，分析评价和提出处理建议，以保证工程安全，提高投资效益，促进社会和经济的可持续发展。

（5）岩土工程勘察是岩土工程的一个重要组成部分。岩土工程包括勘察、设计、施工、检验、监测和监理等，既有一定的分工，又密切联系，不宜机械分割。

第二节　岩土工程勘察的目的、任务与研究内容

一、岩土工程勘察的目的

岩土工程勘察的主要目的就是要正确反映建设场地的岩土工程条件，分析与评价建设场地的岩土工程条件与问题，提出解决岩土工程问题的方法与措施，建议建筑物地基基础应采取的设计与施工方案等。

二、岩土工程勘察的任务

岩土工程勘察是综合性的地质调查，其基本任务包括：①查明建设场地的地形、地貌以及水文、气象等自然条件；②研究地区内的地震、崩塌、滑坡、岩溶、岸边冲刷等不良地质现象，判断其对工程场地稳定性的危害程度；③查明地基岩土层的工程特性、地质构造、形成年代、成因、类型及其埋藏分布情况；④测定地基岩土层的物理力学性质，并研究在工程建造和使用期可能发生的变化与影响；⑤查明场地地下水的类型、水质及其埋藏条件、分布与变化情况；⑥按照设计和施工要求，对场地和地基的工程地质条件进行综合评价；⑦对不符合工程安全稳定性要求的不利地质条件，拟定采取的措施及处理方案。

勘察工作程序取决于建筑物类别、规模、不同的设计阶段、拟建场地的复杂程度、地质条件、当地经验等。

工程勘察的基本程序包括编制勘察大纲、测绘与调查、勘探工作、测试工作、室内试验、长期观测与编写报告书等方面。

三、岩土工程勘察的研究内容

根据上述勘察目的与任务，岩土工程勘察的研究内容应包括以下方面：

（1）对场地岩土工程条件及其调查内容的研究。

（2）对场地岩土工程勘察技术方法与手段的研究。

（3）对场地岩土工程问题分析理论方法与手段的研究。

（4）对场地地基岩土利用与整治方法的研究。

（5）对各种岩土工程问题防治方法与措施的研究。

（6）对勘察制图的研究等。

第三节　岩土分类、岩土工程勘察分级和勘察阶段的划分

一、岩土的分类

由于我国幅员辽阔，各种建（构）筑物、水利、水电、公路、铁路、港口等的侧重点不同，因而出现了不同的分类标准。

（一）《岩土工程勘察规范》（GB 50021-2001）对岩土的分类

1.岩石的分类

（1）在进行岩土工程勘察时，应鉴定岩石的地质名称和风化程度、岩体完整程度，并进行岩石坚硬程度、岩体完整程度和岩体基本质量等级的划分。

（2）当岩石的软化系数小于或等于0.75时，应定为软化岩石；当岩石具有特殊成分、特殊结构或特殊性质时，应定为特殊性岩石，如易溶性岩石、膨胀性岩石、崩解性岩石、盐渍化岩石等。

（3）岩石的描述应包括地质年代、地质名称、风化程度、颜色、主要矿物、结构、构造和岩石质量指标RQD。对沉积岩应着重描述沉积岩的颗粒大小、形状、胶结物成分和胶结程度；对岩浆岩和变质岩应着重描述矿物结晶大小和结晶程度。

根据岩石的质量指标RQD，岩石可分为好的（RQD>90）、较好的（RQD=75~90）、较差的（RQD=50~75）、差的（RQD=25~50）和极差的（RQD<25）五类。

（4）岩体的描述应包括结构面、结构体、岩层厚度和结构类型，并宜符合下列要求：①结构面的描述包括类型、性质、产状、组合形式、发育程度、延展情况、闭合程度、粗糙程度、填充情况和填充物性质以及充水性质等。②结构体的描述应包括类型、形状、大小和结构体在围岩中的受力情况等。

（5）对岩体基本性质且等级为Ⅳ级和Ⅴ级的岩体，鉴定和描述除按以上的要求外应符合下列规定：①对软岩和极软岩，应注意是否具有可软化性、膨胀性、崩解性等特殊性质；②对极破碎岩体，应说明破碎的原因，如断层、全风化等；③开挖后是否有进一步风化的特征。

2.土的分类

晚更新世Q_3及其以前沉积的土，应定为老沉积土；第四纪全新世中近期沉积的土，应定为新近沉积土。根据地质成因，土可被划分为残积土、坡积土、冲积土、洪积土、冰积土和风积土等。

（1）粒径大于2mm的颗粒质量超过总质量的50%以上的土，应定名为碎石土。

（2）粒径大于2mm的颗粒质量不超过总质量的50%，粒径大于0.075mm的颗粒质量超过总质量的50%的土，应定名为砂土。

（3）粒径大于0.075mm的颗粒质量不超过总质量的50%，且塑性指数小于或等于10的土，应定名为粉土。

（4）除按颗粒级配和塑性指数定名外，土的综合定名应符合下列规定：①对特殊成因和年代的土类应结合其成因和年代特征命名；②对特殊性土，应结合颗粒级配和塑性指数定名；③对混合土，应冠以主要含有的土类定名；④对同一土层中相间呈韵律沉积，当薄层与厚层的厚度比大于1/3时，宜定为"互层"；厚度比为1/10～1/3时，宜定为"夹层"；厚度比小于1/10的土层，且多次出现时，宜定为"夹薄层"；⑤当土层厚度大于0.5m时，宜单独分层。

（5）据《建筑地基基础设计规范》（GB 50007-2011），淤泥等土的划分如下：①淤泥为在静水或缓慢的流水环境中沉积，并经生物化学作用形成，其天然含水量大于液限，天然孔隙比大于或等于1.5的黏性土，当天然含水量大于液限而天然孔隙比小于1.5或大于及等于1.0的黏性土或粉土为淤泥质土。②红黏土为碳酸盐岩系的岩石经红土化作用形成的高塑性黏土。其液限一般大于50。红黏土经搬运后仍保留其基本特征，其液限大于45%的土为次生红黏土。③人工填土根据其组成和成因，可分为素填土、压实填土、杂填土、冲填土。④素填土为由碎石土、砂土、粉土、黏性土等组成的填土。经过压实或夯实的素填土为压实填土。杂填土为含有建筑垃圾、工业废料、生活垃圾等杂物的填土。冲填土为由水力冲填泥砂形成的填土。⑤膨胀土为土中黏粒成分主要由亲水性矿物组成，同时具有显著的吸水膨胀和失水收缩特性，其自由膨胀率大于或等于40%的黏性土。⑥湿陷性土为浸水后产生附加沉降，其湿陷系数大于或等于0.015的土。

（6）土的鉴定应在现场描述的基础上，结合室内试验的开土记录和试验结果综合确定。土的描述如下：①碎石土应描述颗粒级配、颗粒形状、颗粒排列、母岩成分、风化程度、充填物的性质和充填程度、密实度等。②砂土应描述颜色、矿物组成、颗粒级配、颗粒形状、黏粒含量、湿度、密实度等。③粉土应描述颜色、包含物、湿度、密实度、摇震反应、光泽反应、干强度、韧性等。④黏性土应描述颜色、状态、包含物、摇震反应、光泽反应、干强度、韧性、土层结构等。

特殊性土除应描述上述土类规定的内容外，还应描述其特殊成分和特殊性质；如对淤泥需描述嗅味，对填土需描述物质成分、堆积年代、密实度和厚度及均匀程度等。

对具有互层、夹层、薄夹层特征的土，应描述各层的厚度和层理特征。

（7）粉土的密实度应根据孔隙比e划分为密实、中密和稍密三类；其湿度应根据含水量w（%）划分为稍湿、湿、很湿三类。

（8）黏性土的状态应根据液性指数划分为坚硬、硬塑、可塑、软塑和流塑五类。

（二）岩土分类的原则

岩土的工程分类应遵循以下原则：

（1）应与工程目的一致，对于不同的工程目的，如地基、建材等可采用不同的分类系统定名。

（2）按工程需要，岩土组成为主要的定名依据，并结合其成因、年代、结构构造特征综合定名。

（3）可据当地习惯名称与分类，划分亚类。

对岩、土分类的出发点不同，往往给同一岩、土定出不同的名称，如按年代可定为近代沉积，按成因定为河口相沉积，按组成可定为粉土等，因此规定综合定名的原则应以岩、土组成来定名，如粗砂、黏土、粉土等，需要时再加按其他依据修饰定名，如新近沉积细砂、三角洲相淤泥质黏土等，但对土进行分类及定名时，应充分研究其成因年代。

二、岩土工程勘察分级

岩土工程勘察应进行等级划分，其目的是突出重点，区别对待，以利管理。不同等级的岩土工程勘察，其工作环境条件不同，岩土工程勘察技术要求的难易程度也不相同。等级越高，其工作环境条件越复杂，所遇岩土工程问题也就越多、越复杂，因而对勘察技术要求也越高，从而越有利于确保工程质量和安全，促进技术经济责任制、管理制度的建立和健全，使勘察工作为工程建设服务的目的更明确。同时，岩土工程勘察等级也是确定岩土工程勘察工作量和进度计划的依据。等级越高，勘察技术要求越高，勘探点线间距越小，勘探深度越深，勘察工作量一般也越大，所需时间一般也越长。

岩土工程勘察等级划分考虑的主要因素是工程重要性等级、场地等级与地基等级。因此，应首先对这三个主要因素进行等级划分，在此基础上进行综合分析，最终确定岩土工程勘察等级。

（一）工程重要性等级划分

根据工程的规模和特征，以及由于岩土工程问题造成工程破坏或影响正常使用的后果的严重性的不同，形成了三个工程重要性等级：一级工程、二级工程和三级工程。

一级工程：重要工程，后果很严重；

二级工程：一般工程，后果严重；

三级工程：次要工程，后果不严重。

由于岩土工程勘察涉及各行各业，对于工程规模、工程重要性及其破坏后果的严重性很难做出具体的划分标准，因此工程重要性等级划分只给出了上述比较原则的规定。对于住宅和一般公用建筑，30层以上的可定为一级工程，7~30层的可定为二级工程，6层及6层以下的可定为三级工程；对于边坡工程，破坏后果很严重的永久性工程，可定为一级工程；破坏后果一般的永久性工程，可定为二级工程；临时性工程，可定为三级工程；对于大型沉井、沉箱、超长桩基、大型竖井、平硐、大型基础托换和补强工程等技术难度大、破坏后果严重的可列为一级工程；其余工程的工程重要性等级可根据上述原则按工程实际情况或按有关规定划分。

（二）场地等级划分

场地根据复杂程度可划分为三个等级：一级场地、二级场地和三级场地。

1.一级场地

符合下列条件之一者可定为一级场地（复杂场地）。

（1）对建筑抗震危险的地段。

（2）不良地质作用强烈发育。

（3）地质环境已经或可能受到强烈破坏。

（4）地形地貌复杂。

（5）有影响工程的多层地下水、岩溶裂隙水，或其他水文地质条件复杂，需要专门研究的场地。

2.二级场地

符合下列条件之一者可定为二级场地（中等复杂场地）。

（1）对建筑抗震不利的地段。

（2）不良地质作用一般发育。

（3）地质环境已经或可能受到一般破坏。

（4）地形地貌较复杂。

（5）基础位于地下水位以下的场地。

3.三级场地

符合下列条件者可定为三级场地（简单场地）。

（1）抗震设防烈度小于或等于6度，或对建筑抗震有利的地段。

（2）不良地质作用不发育。

（3）地质环境基本未受破坏。

（4）地形地貌简单。

（5）地下水对工程无影响的场地。

应说明的是，上述场地等级的划分应从一级开始，向二级、三级推定，以最先满足的为准。对建筑抗震有利、不利和危险地段的划分，应按现行国家标准《建筑抗震设计规范》（GB 50011-2010）的规定确定。

划分标准中，"不良地质作用强烈发育"是指泥石流沟谷、崩塌、滑坡、土洞、塌陷、岸边冲刷、地下水强烈潜蚀等极不稳定的场地，这些不良地质作用直接威胁着工程安全；"不良地质作用一般发育"是指虽有上述不良地质作用，但并不十分强烈，对工程安全的影响不严重。地质环境"受到强烈破坏"是指对工程的安全已构成直接威胁；"受到一般破坏"是指已有或将有上述现象，但不强烈，对工程的安全影响不严重。

（三）地基等级划分

地基根据复杂程度主要划分为三个等级：一级地基、二级地基和三级地基。

1.一级地基

符合下列条件之一者可定为一级地基（复杂地基）。

（1）岩土种类多，很不均匀，性质变化大，需特殊处理。

（2）严重湿陷、膨胀、盐渍、污染的特殊性岩土，以及其他情况复杂，需做专门处理的岩土。

2.二级地基

符合下列条件之一者可定为二级地基（中等复杂地基）。

（1）岩土种类较多，不均匀，性质变化较大。

（2）除严重湿陷、膨胀、盐渍、污染以外的特殊性岩土。

3.三级地基

符合下列条件者可定为三级地基（简单地基）。

（1）岩土种类单一，均匀，性质变化不大。

（2）无特殊性岩土。

上述地基等级的划分仍应从一级开始，向二级、三级推定，以最先满足的为准。

（四）岩土工程勘察等级划分

根据工程重要性等级、场地复杂程度等级与地基复杂程度等级的不同，可将岩土工程勘察划分为三个等级：甲级、乙级和丙级。

甲级：在工程重要性、场地复杂程度和地基复杂程度等级中，有一项或多项为一级；

乙级：在工程重要性、场地复杂程度和地基复杂程度等级中，无一级，有一项或多项为二级；

丙级：工程重要性、场地复杂程度和地基复杂程度等级均为三级。

对建筑在岩质地基上的一级工程，当场地复杂程度等级和地基复杂程度等级均为三级时，岩土工程勘察等级可定为乙级。

三、岩土工程勘察阶段划分

在我国，任何工程项目的兴建，都必须遵循一定的基本建设程序，即从规划决策到建成运营（投产）全过程必须遵循一定的先后顺序。这既是正确决策（认识）的要求，也是保证工程安全经济的要求。实践证明，一个工程建设项目从计划建设到建成使用，一般应经历规划与可行性研究、设计、施工、竣工验收等阶段。就工程设计而言，又可进一步划分为以下几个阶段：

规划（或可行性）设计阶段：初步了解能否修建和在哪里修建。一般不进行具体建筑物设计，对建筑地点的选择也只是轮廓性的，往往有多个比较方案，以供初步论证在该处修建建筑物的技术可能性和经济合理性，提出建筑物的概略轮廓。

初步设计阶段：在选定的建筑场地内初步确定建筑物的位置、形式、规模，大致确定造价，初步确定施工方法。

技术设计阶段：最后确定建筑物的具体位置与结构形式，计算、评价与确定建筑物各部分尺寸，最终确定施工方法、施工组织与工期，详细计算工程造价和经济效益。

施工设计阶段：在技术设计基础上编制施工详图，解决与施工有关的各种具体细节问题。上述各设计阶段划分是在正常情况下所应遵循的，在实际工作中往往视具体建筑物的规模、重要性以及技术复杂程度确定是否增减设计阶段。对于建筑规模小、重要性一般、技术简单的工程，其设计阶段可简化为1～2个。

岩土工程勘察主要是为工程设计服务的，应满足工程设计的要求。为了与工程设计阶段相适应，岩土工程勘察也应分阶段进行，相应分为可行性研究勘察阶段、初步勘察阶段、详细勘察阶段，必要时还需进行施工勘察。

（1）可行性研究勘察阶段，应据建设条件，进行技术经济论证和方案比较，对拟选场地的稳定性和适宜性做出岩土工程评价。

（2）初步勘察阶段，应在可行性研究基础上，对场地内建筑地段的稳定性作出评价，满足初步设计要求，为确定总平面布置、主要建筑物的地基基础方案与不良地质作用的防治进行岩土工程论证，提出岩土工程设计方案。

（3）详细勘察阶段则应满足施工图设计要求，为建筑物的地基基础设计、地基加固与处理、不良地质作用的防治工程进行岩土工程计算与评价。当基坑或基槽开挖后，发现原勘察资料与地基实际岩土条件不符，或发现必须查明的异常情况时，应进行施工阶段的岩土工程勘察，为变更设计或施工方案、采取施工补救措施提供依据。

总之，随着勘察阶段的不断提高，建筑场地与建筑物位置越具体，对勘察工作的要求也越来越高，对场地岩土工程条件的了解越来越详细，对各种岩土工程问题的分析与评价也就越详细、准确。

上述勘察阶段的划分，主要是根据我国工程建设的实际情况和数十年勘察工作的经验规定的，在工作中应予以坚持。但由于岩土工程勘察涉及各行各业，而各行业设计阶段的划分并不完全一致，工程规模与要求也各不相同，场地与地基的复杂程度差别很大，要求每个工程都分阶段循序勘察是不实际也是不必要的，对一些面积不大且工程地质条件简单的场地或有建筑经验的地区可简化勘察阶段，直接进行详细勘察。

四、岩土工程勘察一般程序

岩土工程勘察的一般程序为：承接勘察项目—勘察前的准备—现场勘察与测试—室内试验—勘察资料整理与勘察报告编写。

勘察项目一般由建设单位（业主）会同设计单位（简称甲方）委托勘察单位（简称乙方）进行。甲、乙双方应签订勘察委托合同，签订勘察合同时，甲方需向乙方提供与勘察工作相关的有关文件与资料，如工程项目批件，用地批件，岩土工程勘察委托书及其技术要求，勘察场地地形图，勘察范围和建筑总平面布置图，已有勘察资料等。

签订勘察委托合同后，即可进行勘察前的准备工作，选派工程技术负责人。主要是进行人员、物资与仪器设备的准备以及现场踏勘等。此阶段工程技术负责人的一项主要工作就是要编写勘察纲要，其内容一般包括工程名称、委托单位、勘察场地的位置、勘察阶段、勘察的目的与要求，勘察场地的自然与地质条件概述，勘察方案确定和勘察工作量布置，预计勘察过程中可能遇到的问题及解决和预防的方法与措施，制订勘察进度计划，对资料整理与报告书编写的要求，所需的主要机械设备、材料与人员等，并附有勘察技术要求与勘察工作量平面布置图等。

准备工作完成后，即可进行现场勘察与测试工作。该工作是岩土工程勘察的核心工作之一，必须按勘察纲要要求进行，并应满足现行国家或行业岩土工程勘察规范与相关规范或规程的要求。

室内试验主要是为岩土工程勘察评价与地基基础设计提供岩土技术参数。试验的具体项目、方法与要求应根据场地岩土工程勘察评价与地基基础设计的实际需要确定，并符合相关试验技术规范、规程的要求。

勘察资料整理与勘察报告编写是勘察工作的最后程序，也是岩土工程勘察的核心工作之一。其主要内容与要求将在后续章节中详细叙述。

第四节　岩土工程勘察基本技术要求

一、岩土工程勘察技术分析准则

岩土工程勘察是我们认识工程地质环境质量、获取有关工程设计参数的过程，是一项技术性极强的基础性工作。大量工程实践表明，造成工程事故或工程投资过大、经济损失太多往往与人们认识工程地质环境质量不够有密切关系。为保证勘察成果的质量，保证建设工程的稳定安全及技术经济的合理，岩土工程勘察工作必须遵循如下基本技术行为准则：

（一）实践准则——实事求是观点

（1）岩土体形成的长期性及地质作用的复杂性，决定了其具有自然工程地质性质的客观存在性、非均质性及各向异性的特点。即使通过取样测试，也由于样品的采取改变了其原始自然状态以及人为因素的影响，难以消除样品测试所获得的参数与原体实际参数所存在的差异。因此，要求人们在描述、测定岩土的工程地质性质时必须实事求是，切忌片面性和主观臆断性，同时也要充分注意岩土体的复杂性。

（2）由于岩土的时空变异性以及工程建筑的单个性，决定了某一具体工程勘察设计的单一性。由于建筑场地的岩土工程特性各不相同，因此每一工程的设计、施工都必须以场地岩土体的实际性状为准，以岩土体的原型观测、实体测验、原位测试所获参数作为进行岩土工程分析论证及设计、施工的主要依据，从而突出了实践的重要性。

（3）为防止片面性，应尊重岩土体的客观实际，在对稳定性进行分析计算时，应有两种以上方案对比论证。因此，在分析论证过程中，切忌先入为主、主观臆断、"留优舍劣"的非科学态度。必要时可依据客观实际，采用反证的方法，获取正确的方案。

地基稳定性评价，通常是用定值法确定，即"地基实有强度R/实际荷载效应L"≥1时，则认为地基是稳定的。然而，事实上，地基实有强度R及实际荷载效应L这两个"值"，是由多因素所决定的，是随机变量，这里就存在一个我们赋予的R、L值及所得的比值与实际相符的程度——可信度问题。

概率分析方法为我们解决可信度提供了有效的手段，使评价更接近实际。我们知道，R值通常是人们据测试结果，加上人们自己的经验确定的，L值是人们据经验所采用的平均值，但它们的实际值是变异的，且多属正态分布。

在进行地基稳定性评价时，有时还需评价变形强度，计算地基土的变形量，然而仅仅计算总沉降量往往还不能足以评价地基变形是否满足要求，还需计算差异沉降量，有时还要进行抗倾斜稳定性计算，这也是考虑到地基土的非均性、各向异性和工程特性要求提出的，以求公正地认识和评价地基岩土。

（二）判据准则——极限状态准则

任何工程的兴建，都应满足在规定的时间内完成各项预期功能的要求。在建筑结构设计中，所应满足的预期功能为结构的安全性、适用性和耐久性。

安全性：指结构在正常施工和正常使用条件下，能承受可能出现的各种作用，并在偶然事件发生时及发生后，仍能保持必需的整体稳定性。

适用性：指结构在正常使用时应具有良好的工作性能。

耐久性：指结构在正常维护条件下能完好地使用到规定的年限。或者说应具有足够的防止其材料性能随时间退化而引起失效的能力。

安全性、适用性和耐久性是衡量结构是否可靠的标志，因此总称为结构的可靠性。因此，可以概括地说，结构的可靠性是指结构在正常设计、施工和使用条件下，在规定的使用年限内完成预期的安全性、适用性和耐久性功能的能力。

若结构在规定的时间内和规定的条件下能完成各项预期功能，则称结构可靠。若结构在规定的时间内和规定的条件下不能完成各项预期功能，则称结构不可靠或失效。

工程设计的目的，就是要在可靠性与经济性之间选择一种合理的平衡，从而使工程建设既能完成各项预期功能，又使造价尽可能低，即在可靠的前提下最省。因此，在工程设计过程中应遵循技术先进、经济合理、安全适用、确保质量的原则。作为工程设计基础的岩土工程勘察及其分析评价，也必须遵循这一原则。

但结构或工程建设怎样才算可靠呢？为此尚需进行判别。而判别的条件或准则，目前多以各种功能的极限状态。

所谓极限状态是指结构、构件或建设工程能满足设计规定的某一功能要求的临界状态（或称特定状态），超过这一状态，结构、构件或建设工程便不能满足设计要求。

我国现行规范根据所带来的严重后果的不同，将极限状态分为承载能力极限状态及正常使用极限状态两大类。

承载能力极限状态：指结构或构件达到最大承载能力或产生了使其不能继续承载的过大变形，从而丧失了完成安全性功能的能力的特定状态。

正常使用极限状态：指结构或构件达到正常使用或耐久性功能的某项规定限值的特定状态。

1.超过承载能力的极限状态

当有下列情况之一时，可以认为超过了承载能力极限状态。

（1）整个结构或构件的一部分，作为刚体失去平衡，如倾覆。

（2）结构或构件或连接材料强度被超过而破坏（含疲劳破坏）或因过度塑

性变形而不能继续承载。

（3）结构转变为机动体系，或地基土产生滑移。

（4）结构或构件丧失稳定，如压屈。

2.超过正常使用的极限状态

当有下列情况之一时，可以认为超过了正常使用极限状态。

（1）影响正常使用或外观的变形。

（2）影响正常使用或耐久性能的局部损坏，如裂缝。

（3）影响正常使用的振动。

（4）影响正常使用的其他特定状态等。

承载能力极限状态在岩土工程工作中常用于土坡稳定、挡土墙稳定、承载力及地基整体稳定性，按有关规范用专项系数或安全系数方法进行计算和评价。

正常使用极限状态在岩土工程工作中常用于土体变形、动力反应、岩土体的透水性、含水性、渗入量、渗透变形、地震液化等的计算和评价。

3.极限状态判据

在岩土工程分析评价中，常用的极限状态判据有以下方面：

（1）在长期荷载作用下，地基变形不至于造成承重结构的破坏。

（2）在最不利的荷载组合作用下，地基不出现失稳现象。

更具体地说，在进行地基基础设计时，应满足：基础底面压力≤地基承载力设计值；地基沉降值≤允许沉降值；地基无滑移、倾覆危险；地基基础不发生强度破坏。

（三）地质准则

这一准则强调了工程地质条件对岩土性状的影响。如同一工程或相似工程，在不同的地质条件下，可能会产生不同的问题，一幢高层建筑物，在坚硬~硬塑状态黏土层这一地基条件下，强度及变形值可能均满足工程建筑的稳定、安全、适用要求，如果换一个地基条件则可能地基土强度、变形值均不能满足或其中之一不能满足工程要求。或者由于地基土的变形而引起建（构）筑物的严重破坏，或者有的场地地基稳定性不好，存在饱和粉土、细砂土层，在地震或振动作用下产生液化问题，而使建（构）筑物的稳定、安全、使用受到影响等。因此，这一准则强调了在进行岩土工程分析时，不仅是分析地质条件的现有情况，还应将地质条件（地形起伏、地层结构特征、地下水特征等）作为岩土力学性状变化的影响因素加以分析。

地下水既是岩土体的一个组成部分，直接影响岩土的性状及行为，也可作为工程结构物的环境，影响其稳定性及耐久性，其主要表现为以下方面：

（1）静水压力——对工程建筑起浮托作用。

（2）动水压力——可引起边坡的失稳破坏。

（3）水位的升降——可使土体的有效应力减小或增加，地基土产生附加变形。

（4）水头差——可引起流砂、管涌等潜蚀作用。

（5）深基坑开挖的排水疏干。

（6）沉井施工的排水、流砂。

（7）对建筑物材料的腐蚀。

（8）对岩土的软化、崩解、湿陷、膨胀、化学溶蚀。

（9）道路地基的冻害。

（10）排水条件对土体固结、强度的影响等。

从上述可以看出，地下水对岩土的作用机制可分为力学及物理—化学作用两大方面，而动水压力（渗透力）及浮托力是地下水力学行为的重要表现。这些作用往往以消极因素来影响岩土性状及行为，影响结构物的稳定性及耐久性，因此在岩土工程分析中应充分予以重视。然而，在日常工作中，则往往由于偏见而轻视地下水问题，忽视对地下水的分析和研究，只停留在一般的调查和评价，实际工作中症结的主要表现是：不了解不同岩土工程对地下水问题的不同要求；地下水位不准确、不齐全，往往是混合水位，无分层水位，有初见水位，无稳定水位；不注意查明地下水类型、补给来源、水力联系；不注意查明地下水季节变化动态等。

事实上，很多工程问题的出现是由于对地下水的调查、认识不清所造成的。

二、岩土工程分析评价原则

岩土工程分析评价是在工程地质测绘、勘探、测试与监测的基础上，结合工程特性和要求，进行分析、计算，选定岩土参数，论证场地、地基和建（构）筑物的稳定性和适宜性，对岩土的利用、整治和改造设计提出可行性的方案和建议，预测和监控工程在施工中和营运期间可能发生的问题，并提出相应对策、措施和建议的一系列工作。分析评价正确与否，是否符合实际，不仅取决于分析的基础资料是否完整、准确，还取决于评价方法是否正确。

（一）定性评价与定量评价相结合

定性评价是基础，是首要步骤，定量评价是定性评价的补充和升华，偏废任何一个评价都是片面的甚至是危险的。只有正确进行定性分析和评价，才能正确认识评价对象的影响因素及其相互影响、相互制约的程度；只有认识评价对象的边界条件，才能正确建立数理模型，从而为定量评价奠定基础。而只有通过定量评价，才能把定性评价结论升华到"有据可查"的境地，便于工程设计的直接应用。在定性、定量分析评价中，应注意两者结果应是一致的，如有矛盾，则应复查，找出问题症结所在。定性分析和评价应坚持辩证唯物主义的认识论和方法论，切忌主观片面性。一切从实际出发，这样才能真正"由此及彼、由表及里"认识评价对象。

一般在下列情况下可只作定性评述：

（1）工程选址、场地对拟建工程的适宜性评价。

（2）场地地质条件稳定性评价。

（3）岩土材料的适宜性及工程性质的一般描述。

（二）定量评价的两种方法

定量评价方法一般采用定值法与概率法。

（1）定值法：又称安全系数法，是目前岩土工程评价中常用的一种定量评价方法。用此法进行极限状态计算时，一般将其设计变量看作非随机变量，即常量。其安全度（可靠度）是用一个总的安全系数来衡量的，即在强度上根据经验打一折扣，作为安全储备。

（2）概率法：将设计变量作为随机变量，对作用效应、抗力、安全度进行概率分析，用失效概率或可靠概率来度量设计的可靠性的定量评价方法。该法将安全储备建立在概率分析的基础上，因此它是一种比较科学的分析评价方法。

采用概率极限状态分析法进行定量评价时，由于考虑了工程结构抗力和作用效应的随机性，用工程结构的失效概率或可靠概率来判别工程结构是否可靠是比较科学的。但由于岩土参数的复杂性，要取得足够的统计资料及可靠的统计数据较为困难，且计算复杂，因此目前尚未全面推广。但对一些重要或重大工程，应尽量考虑采用。

利用概率法可以对一系列评价问题做出重要的补充，如在确定地基承载力时，可以给出极限荷载和相应变异系数，或算出极限承载力后，可在必要时采用接近极限值甚至稍有超过，虽承担着一定风险，但充分利用地基能力，又保证建（构）筑物的各项要求的满足。

第四章　各类建筑岩土工程勘察

第一节　房屋建筑与构筑物岩土工程勘察

一、概述

房屋建筑与构筑物系指一般房屋建筑、高层建筑、大型公用建筑、工业厂房及烟囱、水塔、电视电信塔等高耸构筑物。

在城市建设中，高层建筑占有相当大的比重。目前对高层建筑划分的标准各国不一致，但绝大多数都以建筑物的层数和高度作为划分依据。例如，美国规定高度25m以上或7层以上，英国规定高度在24.3m以上，法国规定居住建筑高度在50m以上，而其他建筑高度在28m以上，日本则把8层以上或高度超过31m的建筑称为高层建筑。我国根据目前城市登高消防器材，消防车供水能力等实际情况，参考国外高层与多层建筑的界限，确定适合我国高层建筑的起始高度为24m。

从岩土工程角度来看高层建筑的特点主要是高度大、荷重大、基础埋深大等。由于建筑物高耸，不仅竖向荷载大而集中，而且风力和地震力等水平荷载引起的倾覆力矩成倍增长，因此就要求基础和地基提供更高的竖直与水平承载力，同时使沉降和倾斜控制在允许的范围内，并保证建筑物在风荷载与地震荷载下具有足够的稳定性。另外，高层建筑的基础一般具有较大的埋置深度，有的甚至超过20m。实践证明，经济合理的基坑支护结构和严密的防护措施是高层建筑基础工程不可分割的一部分。高层建筑的基础类型，在土基中主要有箱形基础、桩基础以及箱形基础加桩的复合基础；在岩基上则一般采用锚桩基础或墩基础等。

在房屋建筑与构筑物中，常常遇到以下几种岩土工程问题：

（一）区域稳定性问题

区域地壳的稳定性直接影响着城市建设的安全和经济，在城市建设中必须首先考虑。区域稳定性的主要因素是地震和新构造运动，在新开发地区选择建筑场址时，更应注意。在强震区兴建房屋建筑与构筑物时，应着重于场地地震效应的分析与评价。

（二）斜坡稳定性问题

在斜坡地区兴建建筑物时，斜坡的变形和破坏危及斜坡上及其附近建筑物的安全。建筑物的兴建，给斜坡施加了外荷载，增加了斜坡的不稳定因素，可能导致其滑动，引起建筑物的破坏。因此，必须对斜坡的稳定性进行评价，对不稳定斜坡提出相应的防治或改良措施。

（三）地基稳定性问题

研究地基稳定性是房屋建筑与构筑物岩土工程勘察中的最主要任务。地基稳定性包括地基强度和变形两部分。若建筑物荷载超过地基强度、地基的变形量过大，则会使建筑物出现裂隙、倾斜甚至发生破坏。为了保证建筑物的安全稳定、经济合理和正常使用，必须研究与评价地基的稳定性，提出合理的地基承载力和变形量，使地基稳定性同时满足强度和变形两方面的要求。

（四）建筑物的配置问题

大型的工业建筑往往是由工业主厂房、车间、办公大楼、附属建筑及宿舍构成的建筑群。由于各建筑物的用途和工艺要求不同，它们的结构、规模和对地基的要求不一样，因此，对各种建筑物进行合理的配置，才能保证整个工程建筑物的安全稳定、经济合理和正常使用。在满足建筑物对气候和工艺方面的条件下，工程地质条件是建筑物配置的主要决定因素，只有通过对场地工程地质条件的调查，才能为建筑物选择较优的持力层，确定合适的基础类型，提出合理的基础砌置深度，为各建筑物的配置提供可靠的依据。

（五）地下水的侵蚀性问题

混凝土是房屋建筑与构筑物的建筑材料，当混凝土基础埋置于地下水位以下时，必须考虑地下水对混凝土的侵蚀性问题。大多数地下水不具有侵蚀性，只有当地下水中某些化学成分含量过高时，才对混凝土产生分解性侵蚀、结晶性侵蚀及分解、结晶复合性侵蚀。地下水中的化学成分与环境及污染情况有关。所以，在岩土工程勘察时，必须测定地下水的化学成分，并评价其对混凝土的各种侵蚀性。

（六）地基的施工条件问题

修建房屋建筑与构筑物基础时，一般都需要进行基坑开挖工作，尤其是高层建筑设置地下室时，基坑开挖的深度更大。在基坑开挖过程中，地基的施工条件不仅会影响施工期限和建筑物的造价，而且对基础类型的选择起着决定性的作用。基坑开挖时，首先遇到的是坑壁应采用多大的坡角才能稳定、能否放坡、是否需要支护，若采取支护措施，采用何种支护方式较合适等问题；坑底以下有无承压水存在，能否造成基坑底板隆起或被冲溃；若基坑开挖到地下水位以下时，会遇到基坑涌水、出现流砂、流土等现象，这时需要采取相应的防治措施，如人工降低地下水位与帷幕灌浆等。影响地基施工条件的主要因素是土体结构特征、土的种类及其特性，水文地质条件，基坑开挖深度、挖掘方法、施工速度以及坑边荷载情况等。

在岩土工程勘察测试结果的基础上进行的岩土工程问题分析评价，是岩土工程勘察报告的精髓和关键部分，对房屋建筑与构筑物而言，地基稳定性（地基承载力和沉降变形）是岩土工程分析评价中的主要问题；对采用桩基或进行深基坑开挖的建筑物，应进行相关问题的岩土工程评价；对强震区，应进行场地地震效应的评价。

二、地基承载力

地基承载力是指地基受荷后塑性区（或破坏区）限制在一定范围内，保证不产生剪切破坏而丧失稳定，且地基变形不超过允许值时的承载能力，即同时满足地基土的强度条件和对沉降、倾斜的限制要求。

地基承载力分基本值、标准值和设计值三个值。地基承载力基本值是指按有关规范规定的一定基础宽度和埋深条件下的地基承载力，按有关规范查表确定。地基承载力标准值是指按有关规范规定的标准方法试验并经统计处理后的承载力值。地基承载力设计值是地基承载力标准值经深宽修正后的地基承载力值；或按载荷试验和用实际基础深宽按理论公式计算所得地基承载力值。

不能认为地基承载力是一个单纯的岩土力学指标，它不仅取决于岩土本身的性质，还受到基础的尺寸与形状、荷载倾斜与偏心、基础的埋深、地下水位、下卧层性质、上部结构与基础的刚度等多种因素的影响。确定地基承载力时，应根据建筑物的重要性及其结构特点，对上述影响因素作具体分析并予以考虑。

在房屋建筑与构筑物的岩土工程勘察中，确定地基承载力的方法主要有按理论公式计算、按原位测试方法及按现行国家标准中的承载力表查表求取等。选择方法时，应考虑到建筑物的安全等级与参数的可靠程度以及当地的建筑经验等。对一级建筑物应采用理论公式计算结合原位测试方法综合确定，并宜用现场载荷试验验证；对需进行变形计算的二级建筑物可按理论公式计算，并结合原位测试方法确定；对不需要进行变形计算的二级建筑物可按现行国家标准中的承载力表并结合原位测试方法确定；对三级建筑物可根据邻近建筑物的建筑经验确定。

三、桩基岩土工程问题分析

在房屋建筑与构筑物的基础设计中，桩基础是常考虑的基础形式之一。桩基础具有施工方便、承载力高、沉降量小等优点。实践证明，桩基础不但可以减小平均沉降，而且能有效地控制整体倾斜，如上海某地区，天然地基上的箱形基础（21座），不管是在纵向还是在横向上，其倾斜程度均大于桩箱基础（24座）的倾斜程度，且在横向上更甚，箱形基础的最大横向倾斜值为7.2%，是桩箱基础最大横向倾斜实测值的6倍。另外，在桩长较大的情况下，实筑测桩箱沉降为3.7～6.9cm，建筑物的整体倾斜都较小，几乎均在1%以内。因此，在一级建筑物中，桩基础是较普遍采用的方案。

在房屋建筑与构筑物桩基础岩土工程评价中，单桩承载力的确定是最主要的内容。此外，尚需合理选择桩基础类型与桩端持力层，必要时还需估算负摩擦力，对群桩基础，还应进行群桩承载力与群桩沉降验算。

（一）桩基类型及持力层的选择

在现场岩土工程勘测的基础上，对桩基岩土工程评价首先应考虑桩基类型与桩端持力层的合理选择。桩的类型虽然很多，但常用的桩一般只有少数几种，在房屋建筑与构筑物的桩基础设计中，常采用灌注桩与预制桩（材料多为钢筋混凝土）。灌注桩一般有沉管灌注桩、大直径钻孔灌注桩（钻孔与人工挖孔）、扩孔灌注桩等。一级建筑物多采用大直径钻孔灌注桩，二级建筑物多采用顶制桩、沉管灌注桩、扩孔灌注桩以及人工挖孔灌注桩。对于桩型选择，要综合考虑建筑物荷重大小、场地工程地质条件以及经济技术的合理性等。

桩端持力层宜选择层位稳定的硬塑～坚硬状态的低压缩性黏性土和粉土层，中密以上的砂土与碎石层，微、中风化的基岩；第四系土层作为桩端持力层其厚度宜超过6～10倍桩身直径或桩身宽度；扩底墩的持力层厚度宜超过2倍墩底直径；如果持力层下卧软弱地层时，应从持力层的整体强度及变形要求考虑，保证持力层有足够厚度。此外，对于预制打入桩来说，还应考虑桩能顺利穿过持力层以上各地层的可能性。

（二）单桩承载力的确定

在房屋建筑与构筑物的桩基础中，一般以受竖向荷载为主，故单桩承载力常指的是单桩竖向承载力。单桩承载力一方面取决于制桩材料的强度，另一方面取决于土对桩的支承力，大多数情况下，桩的承载力都是由土的支承力控制的。因此，如何根据地基的强度与变形确定单桩承载力是设计桩基础的关键问题，根据土对桩的支承力确定单桩承载力的方法，主要有静荷载（桩载）试验与静力分析（半经验公式计算）两种方法。静力分析法主要是根据原位测试资料或土的物理性质指标与承载力参数之间的关系来确定单桩承载力。对一级建筑桩基应采用现场静载荷试验，并结合静力触探、标准贯入等原位测试方法综合确定；对二级建筑桩基应根据静力触探、标准贯入、经验参数等估算，并参照地质条件相同的试桩资料，综合确定，当缺乏可参照的试桩资料或地质条件复杂时，应由现场静载荷试验确定；对三级建筑桩基，如无原位测试资料时，可利用承载力经验参数估算。

桩静载荷试验是先在准备施工的地方打试验桩，在试桩顶上分级施加静荷载，直至桩发生剧烈或不停滞的沉降（桩已丧失稳定性）为止，在同一条件下的试桩数量，不宜少于总桩数的1%，并不应少于3根，工程总桩数在50根以内时不应少于2根。然后根据试验结果，绘制荷载–沉降（Q–S）关系曲线，从而可确定单桩竖向极限承载力标准值。

按静力分析法估算单桩承载力，不同规范所推荐的经验公式是有差别的，有的用拟估算单桩承载力设计值，有的则用以估算单桩承载力极限值。在房屋建筑与构筑物的桩基中，主要是估算单桩承载力极限值，下面介绍在房屋建筑与构筑物的桩基中常用的静力触探法与按土的物理指标法确定单桩承载力极限值。

静力触探法估算单桩承载力如下所述：

静力触探试验中的探头与土的相互作用，相似于桩与土的相互作用，因此可以用静力触探试验测得的比贯入阻力（单桥）或双桥探头中的锥尖阻力与侧壁摩阻力估算单桩承载力。但不能直接以静力触探中端阻与摩阻作为实际单桩的端阻力和摩阻力，而必须经过修正，这是因为静力触探的工作性能与实际单桩的工作性能有所不同。不同之处主要是尺寸效应、应力场、材料性质等，存在这些差异所造成的影响至今还难以从理论上逐项严密地进行理论或从数学关系上加以描述，因此用静力触探确定单桩承载力也是一种经验估算。

（三）桩的负摩擦力

桩的负摩擦（阻）力是因为桩周围土层的下沉（地面沉降）对桩产生方向向下的摩阻力。产生负摩擦力的原因主要有：①欠固结软黏土或新填土的自重固结；②大面积堆载使桩周土层下沉；③正常固结软黏土地区地下水位全面下降，有效应力增加引起土层下沉；④湿陷性黄土湿陷引起沉降。负摩擦力的作用使桩上的轴向荷载增大（附加荷载），在负摩擦力较明显的地方，应引起重视。负摩擦力的大小受多种因素的影响，诸如桩周土与桩端土的强度、土的固结历史、地面荷载、桩的类型及设置方法、地下水位变化以及历时等。因此计算负摩擦力大小是一个较为复杂的问题，大多采用半经验公式或经验估算，主要根据竖向有效应力、土的不排水抗剪强度、土的力学性质指标等进行估算。

四、深基坑开挖的岩土工程问题

兴建房屋建筑与构筑物基础，一般都需要进行基坑开挖，尤其在建筑密集的城市中心建超高层建筑时，为了利用有限的空间及降低基底的净压力，往往设有1~3层地下室，有的甚至达到6层，基坑深度一般都超过5m，有的达数十米。深浅基坑的划分界线在我国还没有统一标准，在国外有人建议把深度超过6m的基坑定为深基坑，小于6m的则为浅基坑。浅基坑（包括浅基础的基坑开挖）的岩土工程问题一般较少且不很严重；深基坑的岩土工程问题一般较为复杂且有的较为严重，因此应重视对深基坑岩土工程问题的分析与评价。

基础牢固与否是关系到建筑物安全稳定的首要问题，而基础施工大多从基坑开挖开始。实践证明，基坑开挖工作是否顺利，不仅影响基础施工质量，而且影响施工周期与工程造价。基坑开挖过程中，常遇到基坑壁过量位移或滑移倒塌、坑底卸荷回弹（或隆起）、坑底渗流（或突涌）、基坑流砂等基坑稳定性问题。为防止或抑制这些问题，使基坑开挖与基础施工顺利进行，需要采取相应的防护措施。

五、房屋建筑与构筑物岩土工程勘察要点

（一）勘察的主要内容

对房屋建筑与构筑物的岩土工程勘察应与设计阶段相适应，分阶段进行，并且要明确建筑物的荷载、结构特点、对变形的要求和有关的功能上的特殊要求，有时还要估计到可能采用的地基基础的设计施工方案，做到工作有鲜明的目的性和针对性。

岩土工程勘察一般有下列主要内容：

（1）查明与场地稳定性有关的问题：①大的断裂构造的位置关系、规模、力学性质、与场地和地基利用的关系、活动性及其与区域和当地地震活动的关系。②在强震作用下场地与地基岩土内可能产生的不利地震效应，如饱和砂土液化、松软土震陷、斜坡滑坍、采空区地面塌陷等。③滑坡或不稳定斜坡的存在，可能的危害程度。④岩溶作用的程度及其对地基可靠性的影响。⑤人为的或天然的因素引起的地面沉降、挠折、破裂或塌陷的存在及其危害等。

（2）查明岩土层的种类、成分、厚度及坡度变化等，对岩土层特别是基础下持力层（天然地基或桩基等人工地基）和下卧层的岩土工程性质，以及黏性土层的岩土工程性质，宜从应力历史的角度进行解释与研究。

（3）查明潜水和承压水层的分布、水位、水质、各含水层之间的水力联系，获得必要的渗透系数等水文地质计算参数。

（4）利用上述资料，提供岩土工程评价和设计、施工需要的岩土强度、压缩性等供岩土工程设计计算用的岩土技术参数（指标）。

（5）确定地基承载力，对建筑物的沉降与整体倾斜进行必要的分析预测；提出地基基础设计方案比较和建议，包括重要的地基基础施工措施的建议。

（6）在岩土工程分析中，必要时应分析地基与上部结构的协同作用，做到地基基础和结构设计更加协调和经济合理。

（二）勘察阶段的划分及各阶段任务要求

房屋建筑与构筑物的岩土工程勘察阶段一般被划分为可行性研究勘察阶段、初步勘察阶段与详细勘察阶段。对于单体建筑物如高层建筑或高耸建筑物，其勘察阶段一般被划分为初步勘察阶段和详细勘察阶段两个阶段。当工程规模较小且要求不太高、工程地质条件较好时，初步勘察与详细勘察可合并为一个勘察阶段去完成。当建筑场地的工程地质条件复杂或有特殊施工要求的重大建筑地基，或基槽开挖后地质情况与原勘察资料严重不符而可能影响工程质量时，尚应配合设计和施工进行补充性的地质工作或施工岩土工程勘察。各勘察阶段的任务要求分述如下：

1.可行性研究勘察阶段

这一阶段的工作重点是对拟建场地的稳定性和适宜性作出评价，其任务要求主要为以下几点：

（1）搜集区域地质、地形地貌、地震、矿产和附近地区的工程地质资料及当地的建筑经验。

（2）在搜集和分析已有资料的基础上，通过踏勘，了解场地的地层、构造、岩石和土的性质、不良地质现象及地下水等工程地质条件。不良地质现象包括滑坡、崩塌、泥石流、岩溶、土洞、活断层、洪水淹没及水流对岸边的冲蚀等。

（3）对工程地质条件复杂，已有资料不能符合要求，但其他方面条件较好且倾向于选取的场地，应根据具体情况进行工程地质测绘及必要的勘探工作。

在确定建筑场地时，在工程地质条件方面，宜避开下列地区或地段：不良地质现象发育及对场地稳定性有直接危害或潜在威胁的；地基土性质严重不良的；对建筑物抗震危险的；洪水或地下水对建筑场地有严重不良影响的；地下有未开采的有价值矿藏或未稳定的地下采空区。

该阶段作为厂址选择来讲称为选厂勘察阶段，其主要任务是：首先在几个可能作为厂址的场地中进行调查，从主要工程地质条件方面收集资料，并分别对各场地的建厂适宜性作出明确的结论，然后配合有关选厂的其他有关人员，从工程技术、施工条件、使用要求和经济效益等方面进行全面考虑，综合分析对比，最后选择一个比较优良的厂址。

2.初步勘察阶段

（1）任务与要求。初步勘察是在可行性研究勘察基础上，根据已掌握的资料和实际需要进行工程地质测绘或调查以及勘探测试工作，为确定建筑物的平面位置，主要建筑物地基类型以及不良地质现象防治工程方案提供资料，对场地内建筑物地段的稳定性作出岩土工程评价，其主要工作内容如下：①搜集可行性研究阶段岩土工程勘察报告，取得建筑区范围的地形图及有关工程性质、规模的文件。②初步查明地层、构造、岩土物理力学性质、地下水埋藏条件以及冻结深度。③查明场地不良地质现象的类型、规模、成因、分布、对场地稳定性的影响及其发展趋势。④对抗震设防烈度大于或等于7度的场地，应判定场地和地基的地震效应。

（2）勘探工作。勘探点、线、网的布置应符合下列要求：勘探线应垂直地貌单元边界线、地质构造线及地层界线。勘探点宜按勘探线布置，并在每个地貌单元及其交接部位布置勘探点，在微地貌和地层变化较大的地段，勘探点应予以加密。在地形半坦地区，可按方格网布置勘探点。

勘探过程中，控制性勘探孔宜占勘探孔总数的1/5～1/3，且每个地貌单元或每幢重要建筑物均应有控制性勘探孔。当遇到下列情况之一时，应适当增减勘探孔深度：当场地地形起伏较大时，应根据预计的整平地面标高调整孔深；在预定深度内遇基岩时，除控制性勘探孔应钻入基岩适当深度外，其他勘探孔在确认达到基岩后即可终孔；当预计基础埋深以下有厚度超过3～5m且分布均匀的坚实土层（如碎石土、老堆积土等）时，控制性勘探孔应达到规定深度外，其他勘探孔深度可适当减小；当预定深度内有软弱地层时，勘探孔深度应适当加大。

（3）取样与测试。为了解岩土体的岩土工程性质在水平和垂直方向的变化规律，适当选择某些坑孔取原状土样进行室内试验和一定数量的原位测试工作，取土试样和进行原位测试的勘探孔（井）宜在平面上均匀分布，其数量可占勘探孔总数的1/4～1/2。取土试样或原位测试的数量和竖向间距，应按地层特点和土的均匀程度确定，每层土均应采取土试样或进行原位测试，其数量不得少于6个。

（4）水文地质工作。调查地下水类型、补给和排泄条件，实测地下水位，并初步确定其变化幅度；必要时应设长期观测孔。当需要绘制地下水等水位线图时，应统一观测地下水位。当地下水有可能浸湿或浸没基础时，应根据其埋藏特征采取有代表性的水试样进行腐蚀性分析。其取样地点不宜少于2处。

3.详细勘察阶段

（1）任务与要求。详细勘察一般是在工程平面位置，地面整平标高，工程的性质、规模、结构特点已经确定，基础形式和埋深已有初步方案的情况下进行的，是各勘察阶段中最重要的一次勘察，且主要是最终确定地基和基础方案，为地基和基础设计计算提供依据。该阶段应按不同建筑物或建筑群提出详细的岩土工程资料和设计所需的岩土技术参数；对建筑地基应作出岩土工程分析评价，并应对基础设计、地基处理、不良地质现象的防治等具体方案作出论证和建议，主要应进行下列工作：

第一，取得附有坐标及地形的建筑物总平面布置图，各建筑物的地面整平标高，建筑物的性质、规模、结构特点，可能采取的基础形式、尺寸、预计埋置深度，对地基基础设计的特殊要求。

第二，查明不良地质现象的成因、类型、分布范围、发展趋势及危害程度，并提出评价与整治所需的岩土技术参数和整治方案建议。

第三，查明建筑物范围各层岩土的类别、结构、厚度、坡度、工程特性，计算和评价地基的稳定性和承载力。

第四，对需要进行沉降计算的建筑物，提供地基变形计算参数，预测建筑物的沉降、差异沉降或整体倾斜。

第五，对抗震设防烈度大于或等于6度的场地，应划分场地土类型和场地类别；对抗震设防烈度大于或等于7度的场地，尚应分析预测地震效应，判定饱和砂土或饱和粉土的地震液化，并应计算液化指数。

第六，查明地下水的埋藏条件。当基坑降水设计时尚应查明水位变化幅度与规律，提供地层的渗透性。

第七，判定环境水和土对建筑材料和金属的腐蚀性。

第八，判定地基土及地下水在建筑物施工和使用期间可能产生的变化及其对工程的影响，提出防治措施及建议。

第九，对深基坑开挖尚应提供稳定计算和支护设计所需的岩土技术参数；论证和评价基坑开挖、降水等对邻近工程的影响。

第十，提供桩基设计所需的岩土技术参数，并确定单桩承载力；提出桩的类型、长度和施工方法等建议。

（2）勘探工作。详细勘察的勘探点布置应按岩土工程勘察等级确定。对安全等级为一级、二级的建筑物，宜按主要柱列线或建筑物的周边线布置勘探点；对三级建筑物可按建筑物或建筑群的范围布置勘探点；对重大设备基础应单独布置勘探点；对重大的动力机器基础，勘探点不宜少于3个。在复杂地质条件或特殊岩土地区宜布置适量的探井。高耸构筑物应专门布置必要数量的勘探点。

详细勘察勘探孔的深度自基础底面算起。对按承载力计算的地基，勘探孔深度应能控制地基主要受力层。当基础底面宽度不大于5m时，勘探孔深度对条形基础应为基础底面宽度的3倍；对单独柱基应为1.5倍，但不应小于5m。大型设备基础勘探孔深度不宜小于基础底面宽度的2～3倍。对需要进行变形验算的地基，控制性勘探孔的深度应超过地基沉降计算深度，并考虑相邻基础的影响。当有大面积地面堆载或软弱下卧层时，应适当加深勘探孔深度。

高层建筑详细勘探点的布置除按上述要求外，还应满足下列要求：勘探点应按建筑物周边线布置，角点和中心点应有勘探点。勘探点的布置应满足纵横方向对地层结构和均匀性的评价要求，其间距宜取15～35m。高层建筑群可共用勘探点或按网格布点。特殊体形的建筑物应按其体形变化布置勘探点。单幢高层建筑的勘探点不应少于4个，其中控制性勘探点不宜少于3个。

（3）取样与测试。详细勘察的取土试样和进行原位测试的孔（井）数量，应按地基土的均匀性和设计要求确定，并宜取勘探孔总数的1/2～2/3，对安全等级为一级的建筑物每幢不得少于3个孔。取土试样和原位测试点的竖向间距，在地基主要受力层内宜为1～2m；对每个场地或每幢安全等级为一级的建筑物，每一主要土层的原状土样不应少于6件；同一土层的孔内原位测试数据不应少于6组。在地基主要持力层内，对厚度大于50cm的夹层或透镜体应采取土试样或进行孔内原位测试。当土质不均或结构松散难以采取土试样时，可采用原位测试。对于高层建筑，当需要计算倾斜时，四个角点均应有取土孔。

（4）水文地质工作。进一步查明地下水类型、补给和排泄条件。对地下水位，可在钻孔或探井内直接量测初见水位和静止水位，静止水位的量测应有一定的稳定时间，其稳定时间按含水地层的渗透性确定，需要时宜在勘察结束后统一量测静止水位；对多层含水层的水位量测，必要时应采取止水措施与其他含水层隔开。当需进一步查明地下水对建筑材料的腐蚀性或有其他特殊要求时，应采取代表天然条件下水质情况的水试样进行化学分析。在基坑开挖及地下工程施工中，对地下水进行疏干或降压可采用井点降水；当工程规模较小，施工条件简单，且水量不大时，可采用重力排水或集水坑排水，在此之前，应根据施工降水（或排水）和邻近工程保护的需要，提供降水设计所需的计算参数和方案建议，必要时应进行抽水试验等水文地质测试。

4.施工勘察

施工勘察不是一个固定的勘察阶段，主要是解决施工中遇到的岩土工程问题。对安全等级为一级、二级的建筑物，应进行施工验槽。基槽开挖后，如果岩土条件与原勘察资料不符，应进行施工勘察。此外，在地基处理及深基开挖施工中，宜进行检验和监测工作；如果施工中出现有边坡失稳危险，应查明原因，进行监测并提出处理意见。

第二节　地下洞室的岩土工程勘察与评价

一、概述

人工开挖或天然存在于岩土体内作为各种用途的构筑物统称为地下洞室，也有称为地下建筑或地下工程的。较早出现的地下洞室是人类为了居住而开挖的窑洞和采掘地下资源而挖掘的矿山巷道，如我国铜绿山古铜矿遗址留下的地下采矿巷道，其开采年代最晚始于西周。但其规模和埋深都很小。随着生产的不断发展，地下洞室的规模和埋深也在不断增大，目前，地下洞室最大埋深可达2500m，跨度已超过50m，且其用途也越来越广。

地下洞室按其用途可分为交通隧道、水工隧洞、矿山巷道、地下厂房和仓库、地下铁道及地下军事工程等类型；按其内壁是否有内水压力作用可分为无压洞室和有压洞室两类；按其断面形状可分为圆形、矩形、城门洞形和马蹄形等类型；按洞室轴线与水平面的关系可分为水平洞室、竖井和倾斜洞室三类；按围岩介质类型可分为土洞和岩洞两类，另外还有人工洞室与天然洞室之分等。各种类型的地下洞室，所产生的岩土工程问题不尽相同，对地质条件的要求也不同，因而所采用的研究方法和研究内容也是有区别的。本节主要讨论单个水平人工岩石洞室的岩土工程勘察与评价。

地下洞室是以岩土体作为其建筑材料与环境的。因此，它的安全、经济和正常运营都与其所处的地质环境密切相关。由于地下开挖破坏了岩土体的初始平衡状态，因而引起岩土体内应力、应变的重新分布。如果重分布应力-应变超过了岩土体的承受能力，围岩将产生破坏。为了维护地下洞室的稳定性，就要进行支护衬砌，以保证其安全和正常使用，变形与破坏的围岩作用于支衬上的压力称为围岩压力。在有压洞室中，常存在很高的内水压力作用于洞室衬砌上，使衬砌产生变形并把压力传递给围岩，这时围岩将产生一个反力，称为围岩抗力。因此，围岩应力、围岩压力、围岩变形与破坏及围岩抗力是地下洞室主要的岩土工程问题。除此之外，在某些特殊地质条件下开挖地下洞室时，还存在诸如坑道涌水、有害气体及地温等岩土工程问题。

二、地下洞室围岩稳定性评价

围岩稳定性评价是地下洞室岩土工程研究的核心，一般采用定性评价与定量评价相结合的方法进行。定性评价是根据工程设计要求对洞址区的工程地质条件进行综合分析，并按一定的标准和原则对洞室围岩进行分类和分段，找出可能产生失稳的部位、破坏形式及其主要影响因素。定量评价是根据一定的判据对围岩进行稳定性定量计算。目前工程上常用稳定性系数 η 来反映围岩的稳定性。所谓稳定性系数是指围岩强度与相应的围岩应力之比，当 $\eta = 1$ 时，围岩处于极限平衡状态；当 $\eta > 1$ 时，围岩稳定；当 $\eta < 1$ 时，则不稳定。实际评价时，为安全起见，应有一定的安全储备。

地下洞室围岩稳定性不仅取决于岩体本身性质及其所处的天然应力、地下水等地质环境条件，还与洞室规模、断面形状及施工方法等工程因素密切相关。因此，地下洞室围岩的失稳破坏实际上是这些因素综合影响的结果。对一般埋深和规模不太大的地下洞室，围岩的破坏与失稳总是发生在围岩强度薄弱部位，不稳定的地质标志较为明显。通常能够通过一般地质调查工作予以查明。但对埋深和规模较大的地下洞室，由于围岩应力的作用明显增大，不稳定的地质因素较为复杂，围岩稳定性的研究与评价也就较为困难和复杂。例如，非线弹性问题、弹塑性问题和流变问题等，都可能在这类洞室中出现。

大量的实践经验表明，一般地下洞室围岩的失稳与破坏通常发生在下列部位：①破碎松散岩体或软弱岩类分布区，包括岩体中的风化和构造破碎带以及力学强度低、遇水易软化、膨胀崩解的黏土质岩类分布区；②碎裂结构岩体及半坚硬层状结构岩体分布区；③坚硬块状及厚层状岩体中，在多组软弱结构面切割并在洞壁上构成不稳定分离体的部位；④洞室中应力急剧集中的部位，如洞室间的岩柱和洞室形状急剧变化的部位，常易产生应力型破坏。以上这些部位通常是围岩失稳的部位，特别是在有地下水活动的情况下，最容易形成大规模的塌方。因此，选择地下洞室场址时，应尽量避开以上不稳定部位或减少这类不稳定地段所占的比重。

对于一般地下洞室，围岩稳定的地质标志也是比较明确的，如新鲜完整的坚硬或半坚硬岩体，裂隙不发育，没有或仅有少量地下水活动的地区以及新鲜的坚硬岩体，裂隙虽较发育，但均紧密闭合且连续性较差，不能构成不稳定分离体，且地下水活动微弱或没有的地区，洞室围岩通常是十分稳定的。

地质条件介于上述两大类之间者，是属于稳定性较好至较差的过渡类型。

三、地下洞室位址选择的工程地质论证

地下洞室位址选择需考虑一系列因素。对于一般洞室而言，主要围绕围岩稳定性来选择。一个好的洞室位址应当是不需要衬砌或衬砌比较简单就能维持围岩稳定，而且易于施工的位置。因此，在于整体工程建设布局不产生矛盾的前提下，地下洞室位址选择应满足如下要求：

（1）地形上要山体完整，洞顶及傍山侧应有足够的厚度，避免由于地形条件不良造成施工困难、洪水及地表沟谷水流倒灌等问题。同时也应避免埋深过大

造成高天然应力及施工困难。另外，相邻洞室间应有足够的间距。

（2）岩性比较坚硬、完整，力学性能好且风化轻微。而那些易于软化、泥化和溶蚀的岩体及膨胀性、塑性岩体则不利于围岩稳定。层状岩体以厚层状的为好，薄层状的易于塌方。遇软硬及薄厚相间的岩体时，应尽量将洞顶板置于厚层坚硬岩体中，同一岩性内的压性断层，往往上盘较破碎，应将洞室置于下盘岩体中。

（3）地质构造上，应选择断裂少且规模较小及岩体结构简单的地段。区域性断层破碎带及节理密集带，往往不利于围岩稳定，应尽量避开。如不得已时，应尽量直交通过，以减少其在洞室中的出露长度。当遇褶皱岩层时，应置洞室于背斜核部，以借岩层本身形成的自然拱维持洞室稳定。向斜轴部岩体较破碎，地下水富集，不利于围岩稳定，应予避开。另外，洞轴线应尽量与区域构造线、岩层及区域性节理走向直交或大角度相交。在高天然应力区，洞轴线应尽量与最大天然水平主应力平行，并避开活动断裂。

（4）水文地质方面，洞室干燥无水时，有利于围岩稳定。因此，洞室最好选择在地下水位以上的干燥岩体或地下水量不大、无高压含水层的岩体内，尽量避开饱水的松散岩土层、断层破碎带及岩溶发育带。

（5）进出口应选在松散覆盖层薄、坡度较陡的反向坡，并避开地表径流汇水区。同时应注意研究进出口边坡的稳定性，尽量将洞口置于新鲜完整的岩质边坡上，避免将进出口布置在可能滑动与崩塌岩体及断层破碎岩体上。

（6）在地热异常区及洞室埋深很大时，应注意研究地温和有害气体的影响。能避则避，不能避开时，则应研究其影响程度，以便采取有效的防治措施。

应当指出，在实际选择地下洞室位址时，常常不是对某个单一因素进行研究和选择，而应在全面综合各种因素的基础上，结合地下洞室的不同类型和要求进行综合评价，选择好的位址、进出口及轴线方位。

四、地下洞室岩土工程勘察要点

地下洞室岩土工程勘察的目的，是查明建筑地区的岩土工程地质条件，选择优良的建筑场址、洞口及轴线方位，进行围岩分类和围岩稳定性评价，提出有关设计、施工参数及支护结构方案的建议，为地下洞室设计、施工提供可靠的岩土工程依据。整个勘察工作应与设计工作相适应地分阶段进行。

（一）可行性研究勘察及初步勘察

本阶段勘察的目的是选择优良的地下洞室位址和最佳轴线方位。其勘察研究内容有：①搜集已有地形、航片和卫片、区域地质、地震及岩土工程等方面的资料；②调查并比较洞线地貌、地层岩性、地质构造及物理地质现象等条件，查明是否存在不良地质因素，如性质不良岩层、与洞轴线平行或交角很小的断裂和断层破碎的存在与分布等；③调查洞室进出口和傍山浅埋地段的滑坡、泥石流、覆盖层等的分布，分析其所在山体的稳定性；④调查洞室沿线的水文地质条件，并注意是否有岩溶洞穴、矿山采空区等存在；⑤进行洞室工程地质分段和初步围岩分类。

勘察方法以工程地质测绘为主，辅以必要的物探、钻探与测试等工作。测绘比例尺一般为1∶5000～1∶25000。对可行性研究阶段的小比例尺测绘可在遥感资料解释的基础上进行。

本阶段的勘探以物探为主，主要用于探测覆盖层厚度及古河道、岩溶洞穴、断层破碎带和地下水的分布等。钻探孔距一般为200～500m，主要布置在洞室进出口、地形低洼处及有岩土工程问题存在的地段。钻探中应注意收集水文地质资料，并根据需要进行地下水动态观测和抽、压水试验。试验则以室内岩土物理力学试验为主。

（二）详细勘察

本阶段勘察是在已选定的洞址区进行。其勘察研究内容有：①查明地下洞室沿线的工程地质条件。在地形复杂地段应注意过沟地段、傍山浅埋地段和进出口边坡的稳定条件。在地质条件复杂地段，应查明松软、膨胀、易溶及岩溶化地层的分布，以及岩体中各种结构面的分布、性质及其组合关系，并分析它们对围岩稳定性的影响。②查明地下洞室地区的水文地质条件，预测涌水及突水的可能性、位置及最大涌水量。在可溶岩分布区还应查明岩溶发育规律，溶洞规模、充填情况及富水性。③确定岩体物理力学参数，进行围岩分类，分析预测地下洞室围岩及进出口边坡的稳定性，提出处理建议。④对大跨度洞室，还应查明主要软弱结构面的分布和组合关系，结合天然应力评价围岩稳定性，提出处理建议。⑤提出施工方案及支护结构设计参数的建议。

本阶段工程地质测绘、勘探及测试等工作同时展开。测绘主要补充校核可行性研究及初勘阶段的地质图件。在进出口、傍山浅埋及过沟等条件复杂地段可安排专门性工程地质测绘，比例尺一般为1∶1000～1∶2000或更大。钻探孔距一般为100～200m，城市地区洞室的孔距不宜大于100m，洞口及地质条件复杂的地段不宜少于3个孔。孔深应超过洞底设计标高3～5m，当遇破碎带、溶洞、暗河等不良地质条件时，还应适当调整其孔距和孔深。在水文地质条件复杂地段，应有适当的水文地质孔，以取得岩层水文地质参数。坑、洞探主要布置在进出口及过沟等地段，同时结合孔探和坑、洞探，以围岩分类为基础，分组采取岩样进行室内岩土力学试验及原位岩土体力学试验，测定岩石、岩土体和结构面的力学参数。对于埋深很大的大型洞室，还需进行天然应力及地温测定，在条件允许时宜进行模拟试验。

（三）施工勘察

本阶段勘察主要根据导洞所揭露的地质情况，验证已有地质资料和围岩分类，对围岩稳定性和涌水情况进行预测预报。当发现与地质报告资料有重大不符时，应提出修改设计的建议。

本阶段的工作主要是编制导洞展示图，比例尺一般为1∶50～1∶200，同时进行涌水与围岩变形观测。必要时可进行超前勘探，对不良地质条件进行超前预报。超前勘探常用地质雷达、水平钻孔及声波探测等手段，超前勘探预报深度一般为5～10m。

第三节　道路（路基）岩土工程勘察

一、概述

道路是由公路和铁路共同组成的运输网络，属陆地交通运输的干线。其中铁路是国家经济的命脉，在建设中发挥巨大作用。公路与铁路在结构上虽各有特点，但二者却有许多相似之处：均属线形工程，往往要穿过许多地质条件复杂的地区和不同的地貌单元，使道路结构复杂化；在山区线路中，崩塌、滑坡、泥石流等不良地质现象都对道路工程安全形成威胁，而地形条件又是制约线路的纵向坡度和曲率半径的重要因素；两种线路的结构主要由三类建筑物所组成，包括路基工程、桥隧工程、防护建筑物。在不同线路中上述各类建筑物的比例也不同。桥梁是在道路跨越河流、山谷或不良地质现象发育地带而修建的构筑物，是道路工程的重要组成部分，也是道路选址时考虑的主要因素之一。

公路与铁路工程所遇到的地质问题基本类似，但铁路比公路对地质和地形的要求更高，高等级公路比一般公路对地质条件要求高。

二、主要岩土工程地质问题

常见的岩土工程问题主要有路线、路基、道路灾害、筑材选择等。

（一）路线选择工程地质论证

路线方案有大方案和小方案，大方案是指影响全局的路线方案，一般属于选择路线基本走向的问题；小方案是指局部性的路线方案，一般属于线位方案。地质条件影响着方案的选择。

1.山岭区

（1）沿河线。沿河路线是山区选线优先考虑的方案。在深切峡谷区，若两岸张裂隙发育，高陡的山坡处于极限平衡状态时，采用沿河线则应慎重考虑。沿河线路布局的主要问题：路线选择走河流的哪一岸；路线放在什么高度；在什么地点跨河。并应结合河谷的地貌、地质条件进行分析比较，选择有利地形，避开不利地段，以确定合理的方案。

（2）越岭线。横越山岭的路线工程是最难的，要有较多的展线。越岭线布局的主要问题：垭口选择；过岭标高选择；展线山坡选择，其间相互联系，相互影响，应当综合考虑。越岭方案可分为路堑和隧道两种。

（3）展线山坡。山坡线是越岭线的主要组成部分，在选择垭口的同时，应注意两侧山坡展线条件的好坏。评价山坡的展线条件，主要看山坡的坡度、断面形式和地质构造，山坡的切割情况，以及有无不良地质现象等。

2.平原区

在平原区，地面水的特征应首先考虑，尽可能选择地势较高处布线，注意保证必要的路基高度，避免水淹、水浸；地下水位高低也会影响到路基的稳定性，并决定着路基的高程布置，地下水特性也是应该考虑的重要因素；在有风沙流、风吹雪的地区，注意路线走向与风向的关系，确定适宜的路基高度与选择适宜的路基横断面，以避免或减轻道路的沙埋、雪阻灾害；在大河河口、河网湖区、沿海平原、凹陷平原等地区，常常会遇到淤泥、泥炭等软弱土地基的问题，勘测时应予注意，并借助地形图、地质图以寻找砂、石料等筑路材料，便于就地取材。

对于强震区应特别注意的问题：路线应尽量避开地势低洼、地基软弱的地带，选择地势较高、排水较好、地下水位较深、地基内无软弱层的地带通过，同时注意排水、路基压实等工作，以避免严重的砂土液化，并减轻路基开裂、下沉等震害；一般不应沿河岸、水渠布线，以防强震时河岸滑移危害路基，避免严重的喷水冒砂；对于铁路和重要公路，应尽量避免沿发震断层两侧危险地带布线，当无法避绕时，则应垂直于发震断层通过，并应采取防护措施。

（二）路基的主要工程地质问题

道路路基包括路堤、路堑和半路堤、半路堑式等。路基的主要工程地质问题在于路基边坡稳定性问题、路基基底稳定性问题、道路冻害问题以及天然建筑材料问题等。

1.路基边坡稳定性

路基边坡包括天然边坡、傍山线路的半填半挖路基边坡以及深路堑的人工边坡等。其破坏形式主要表现为滑坡、崩塌和错落。

不稳定边坡的治理原则是预防为主，及时根治。防治包括线路绕避规模较大而难以整治的斜坡地段，消除或改变不利于边坡稳定的主导因素，防止发生危害性较大的破坏。

常用的治理措施：修筑锚杆挡墙、成排设置抗滑桩、抗滑明洞等支挡性建筑物；对规模大的滑坡，主要采用上部挖方、下部填方来减缓坡度、增加斜坡的稳定性，或者改变边坡结构，降低坡高；修筑天沟、侧沟、盲沟、支撑渗沟及堵塞滑坡裂缝等，防止地表水和地下水渗入滑体内，避免岩土因受湿而抗滑力进一步降低；或在边坡表面上，修筑砌片石或混凝土护坡，采用骨架支撑式护坡及种植草皮等，以防止大气降水对边坡面的冲刷和岩石风化；根据工程实际还可采用掺砂翻夯、硅化法、焙烧法等土质改良方法，以提高土体的力学强度，使边坡达到稳定。

2.路基基底稳定性

路基基底稳定性多发生于填方路堤地段，其主要表现形式为滑移、挤出与塌陷。一般路堤和高填路堤对路基基底的要求是有足够的承载力。地基土的变形主要决定于基底土的力学性质、基底面的倾斜程度、软层或软弱结构面的性质与产状，以及水文地质条件等。

3.道路冻害

道路冻害包括冬季路堤土体因冻结作用而引起路面冻胀和春季因融化作用而使路基翻浆，其结果使路基产生变形破坏，发生显著的不均匀冻胀和路基土强度发生极大改变，危害道路的安全和正常使用。根据水的补给情况，道路冻胀的类型可分为表面冻胀和深源冻胀两种。

影响道路冻胀的主要因素：负气温的高低，冻结期的长短，路基土层性质和含水情况，土体的成因类型及其结构，水文地质条件，地形特征和植被状况等。

防止道路冻害的措施：铺设毛细水隔断层，以断绝补给水源；将粉、黏粒含量较高的冻胀性土换为粗粒且分散的砂砾石抗冻胀性土；采用纵横盲沟和竖井，排除地表水，降低地下水位，减少路基土的含水量；提高路基标高；修筑隔热层，防止冻结向路基深处发展等。

4.天然建筑材料

路基工程需要天然建筑材料的种类较多，包括道渣、土料、片石、砂和碎石等。寻找符合要求的天然建材有时成为道路选线的关键性问题，有时被迫采用高桥代替高路堤的设计方案，甚至"移线就土"，提高线路造价。

三、岩土工程勘察要求

岩土工程勘察的目的和任务是查明线路各地段的地形、地貌、地层岩性、地质构造、各种不良地质现象和特殊土的分布规律，以及岩土的物理力学性质、地表水及地下水的埋藏条件及其腐蚀性等，为线路设计、施工和工程处理提供必要的设计参数和依据。

勘察方法应根据不同勘察阶段要求的内容和程度、道路等级、工程规模及其工作难易程度的不同而加以选择；初步勘察阶段所采用的勘察方法，主要为工程地质调查与测绘及综合勘探，一般采用物探、钻探、原位测试与室内试验等，以必要的工作量完成本阶段的勘察任务；详勘阶段的勘察方法，主要以钻探、原位测试和室内试验为主，必要时进行物探和工程地质测绘工作，详细查明工程地质条件；施工时的补充勘察，是针对个别路段、桥位、隧道方案或桥梁的墩台位置、形式、埋深等的变动，以及对所增加的新项目或有特殊地质要求的工程进行的。

勘察时需查明沿线地层岩性、地质构造、水文地质资料和岩土的物理力学性质，提供满足设计、施工所需的基础资料和设计参数。对于地质条件复杂地段、特殊岩土地段或有特殊施工要求区段，应进行重点勘察。

勘察工作必须按现行规范的要求，完成各项勘察任务，各勘察阶段的工作内容和工作深度应与公路各设计阶段的要求相适应；工程地质条件一般分为简单与复杂两类；在进行勘察工作时，应区别一般工程或大型的、重要的工程，工程地质条件简单或复杂的工程，采用不同的深度要求，对方案明确的小型工程和工程地质条件简单的工程，其要求可以从简；对不良地质地段和特殊岩土地段，应与一般地段不同，分别采取不同的方法和手段及不同的工作深度进行勘察，分项作出评价；并充分收集和注意利用当地已有的文献资料及与公路相关工程的地质勘察、设计和施工方面的图件等，进行对比分析与综合论证；注意运用新技术、新仪器、新设备、新方法，使岩土工程勘察技术具有先进性。

四、勘察要点

路基勘察要点如下所述：

（1）勘察前应广泛收集有关的勘察报告、航拍照片、卫星照片，熟悉所调查地区的有关地质资料（包括区域地质、工程地质、水文地质、室内试验等成果），并充分利用。

（2）可行性研究勘察阶段应对所收集的地质资料和有关路线控制点、走向和大型结构物进行初步研究，并到现场实地核对验证，适当地利用简易勘探方法和物探，必要时可布置钻探，以了解沿线的地质概况，为优选线路方案提供地质依据。

（3）初步工程地质勘察阶段应配合路线、桥梁、隧道、路基、路面和其他结构物的设计方案及其比较方案的制定，提供工程地质资料，以供技术经济论证，达到满足方案的优选和初步设计的需要，对不良地质和特殊性岩土地段，应作出初步分析与评价，并提出治理办法，为满足编制初步设计文件，提供必需的工程地质资料。

（4）详细工程地质勘察阶段应在批准的初步设计方案的基础上进行，以保证施工图设计的需要，对不良地质作用和特殊性岩土地段，应作出详细分析、评价和具体的处理方案，为满足编制施工图设计提供完整的地质资料；对工程地质条件复杂、工程规模大、缺乏经验的建设项目，应根据初步设计审批意见，在技术设计阶段，根据需要有针对性地进行岩土工程勘察工作；对工程地质条件特别复杂的，为进一步查明地质情况，必要时宜在施工期间安排有针对性的工程地质勘察工作。

（5）勘探点数量及间距、勘探孔的布置根据设计专业提供的资料和设计要求，考虑工程地质与水文地质条件、工程类型、结构形式、基础埋深、基坑围护、降水要求和施工方法等因素综合确定。勘探点应沿线路中心线布置，必要时可布在两侧；或在已有探点之间加密，深度一般为2～4m。若条件不许可时，可移位进行，但不宜超出路基范围。在不同地貌单元的交界、地层变化较大或遇到特殊地质条件等情况时，可适当增加勘探点数量。初步勘察阶段勘探点平面间距一般为100～200m，并可根据地质条件复杂程度及设计需要确定。勘探孔深度在初步勘察阶段，因地铁线路纵坡不稳定，勘探孔可适当加深，以免浪费勘探工作量。孔深应达初始水位以下0.5m，最大可达路面设计标高以下5m。

第四节　桥梁岩土工程勘察

一、概述

（1）桥梁是道路建筑工程中的重要组成部分，由正桥、引桥和导流建筑等工程组成。正桥是主体，位于河两岸桥台之间。桥墩均位于河中。引桥是连接正桥与原线的建筑物，它可以是高路堤或桥梁，常位于河漫滩或阶地之上。导流建筑包括护岸、护坡、导流堤与丁坝等，是保护桥梁等各种建筑物的稳定、不受河流冲刷破坏的附属工程。

桥梁结构可分为梁桥、拱桥和钢架桥等，而跨越间歇性水流、无水的山涧或干谷等地段的桥梁，均称为旱桥。不同类型的桥梁，对地质有不同的要求。地质条件是选择桥梁结构的主要依据。

（2）涵洞是公路或铁路与沟渠相交的地方使水从路下流过的通道，作用与桥相同，但一般孔径较小，形状有管形、箱形及拱形等。此外，涵洞还是一种洞穴式水利设施，有闸门以调节水量。

按照构造形式分类，涵洞可分为圆管涵、拱涵、盖板涵、箱涵；按照填土情况不同分类，涵洞可以分为明涵和暗涵；按建筑材料分类，涵洞可分为砖涵、石涵、混凝土涵及钢筋混凝土涵等；按水利性能分类，涵洞可分为无压力式涵洞、半压力式涵洞、压力式涵洞。

二、工程地质问题

桥墩台主要工程地质问题包括桥墩台地基稳定性、桥台的偏心受压及桥墩台地基的冲刷问题等，分述于下：

（一）桥墩台地基稳定性问题

桥墩台地基稳定性主要取决于墩台地基中岩土体的允许承载力，它是桥梁设计中最重要的力学数据之一，它对选择桥梁的基础和确定桥梁的结构形式起决定性作用，影响造价极大，是一项关键性的资料。

（二）桥台的偏心受压问题

桥墩的偏心荷载，主要是由于列车在桥梁上行驶突然中断而产生的，对桥墩台的稳定性影响很大，必须慎重考虑。

（三）桥墩台地基的冲刷问题

桥墩和桥台的修建，使桥墩台基础直接受到流水冲刷，威胁桥墩台的安全。桥墩台基础的埋深，除决定于持力层的埋深与性质外，还应充分考虑水流冲刷的影响。

三、桥梁岩土工程勘察要点

桥梁的岩土工程勘察工作主要分为初步勘察与详细勘察两个阶段。

（一）初步勘察阶段

根据工程可行性研究报告的审批意见，在工程可行性研究地质勘察资料的基础上进行初步勘察。对工程地质条件复杂的特大型桥和大桥，必要时增加技术设计阶段勘察，对初步勘察作进一步补充勘察工作；根据初步勘察合同或初步勘察任务书的要求进行初勘。

初步勘察阶段需要对各桥位方案进行工程地质勘察，并对建桥适宜性和稳定性有关的工程地质条件作出结论性评价；在几条桥线比较方案范围内，全面查明各桥线的一般工程地质条件，对桥线方案起到控制作用的重大复杂地段进行详勘，剖析关键工程地质问题与不良地质现象，并作技术经济对比，为选择最优桥线提供依据。

在工程地质调查或测绘的基础上，通过物探、钻探、挖探、斜探、原位测试等综合手段进行勘探工作。各桥位处的勘探工作量需根据工程地质复杂程度和设计要求确定。工作中要结合地质特点，对工程地质条件复杂的桥位不得以单独物探资料作为设计依据，应与原位测试、钻探密切配合对资料综合分析应用，查明各桥位工程地质条件。勘探常用的方法有电法勘探（电探）、地震法勘探（震探）、声波探测、测井、钻探等。

（二）详细勘察阶段

（1）勘探应根据桥型和基础类型对地基的要求，结合工程地质调查与测绘结果，考虑勘探工作的连续性，以钻探、原位测试、室内试验为主，并与其他勘探方法相结合，因地制宜地确定勘探工作量，探明影响桥基的主要工程地质问题。

（2）钻孔一般应在基础轮廓线的周边或中心布置，钻孔数量视工程地质条件和基础类型确定。工程地质条件简单的桥位，每个墩台一般可布置1个钻孔，如桥跨小、桥墩多，应配合原位测试，宜采用隔墩（桩）布置钻孔。对跨径大的特大桥，基础形式为群桩深基础或沉井基础，工程地质条件比较复杂的，每个墩台除配合物探和原位测试外，适当增加布孔，一般应布置2～3个钻孔。钻孔深度应根据不同地基和基础埋深确定。

钻探质量需满足以下要求：对每个钻孔应有明确的工程地质勘察目的和要求；钻孔孔径和岩芯采取率等要求与初设阶段勘察相同，取样数量应满足提供设计参数对岩土试验的要求；钻孔定位测量误差要控制在规定范围内，并应在套管固定后核测孔位；孔口高程测量，地面孔口高程误差也要在规定范围内。

（3）其他构筑物的勘探，如引道、调治构筑物的地基，一般可参照桥位工程地质资料进行类比，可不另勘探。需要时可采用挖探、针探或触探配合进行。引道按100～200m间距布点，孔深应达持力层以下1～2m。

悬索桥塔墩、锚固部位勘探孔的数量和深度，应结合基础类型和工程地质条件的复杂程度，根据实际需要而定。一般应布5～9个钻孔。

（三）原位测试与室内试验

在墩（台）锚、桩位处的钻孔，均应配合原位测试工作，当采用隔墩（桩）钻探时，应在无钻孔的墩（桩）处进行原位测试，探查地基岩土物理力学性质，对已取得的有关原位地质资料，与室内试验成果进行分析对比，为设计提供岩土力学参数。

对墩（台）锚、桩等部位的所有钻孔所取的样品均应送实验室进行试验，有关岩土物理力学性能和水质分析等实验项目应符合相关规范、规程；岩土试样的数量、规格、质量要求，应按行业标准的有关要求办理。

（四）资料要求

对工程地质测绘、勘探、测试等成果资料进行整理分析，编绘图件，提交完整的地质勘察报告。

四、桥址选择工程地质论证

桥址的选择一般要考虑下列几个方面的问题：

（1）桥址应选在河床较窄、河道顺直、河槽变迁不大、水流平稳、两岸地势较高而稳定、施工方便的地方。避免选在具有迁移性（强烈冲刷的、淤积的、经常改道的）的河床，活动性大的河湾或大支流汇合处。

（2）选择覆盖层薄、河床基底为坚硬完整的岩体的地段。若覆盖层太厚，应选在无漫滩相和牛轭湖相淤泥成泥炭的地段，避免选在尖灭层发育和非均质土层的地区。

（3）选择在区域稳定性条件较好、地质构造简单、断裂不发育的地段，桥线方向应与主要构造线垂直或大交角通过。桥墩和桥台尽量不置于断层破碎带和褶皱轴线上，特别在高地震设防烈度区，必须远离活动断裂和主断裂带。

（4）尽可能避开滑坡、崩塌、泥石流、岩溶、可液化土层等发育的地段。

（5）在山区峡谷河流选择桥址时，尽量采用单孔跨越。在较宽的深切河谷，应选择两岸较低的地方通过，要求两岸岩质坚硬完整，地形稍宽阔一些，适当降低桥台的高度，降低造价，减少施工的困难。

第五节　其他建筑场地岩土工程勘察

一、岸边工程

（一）概述

岸边工程通常要跨越河床、河漫滩、阶地、海滩、浅滩以及潮间带，一般包括码头建筑物、船坞、船台和滑道、防护建筑物等几种形式。因此，不同的岸边工程之间除了土层土质的差别外，地貌单元交界区段的土层、土质等也有明显差异，通常无可循规律。总之，岸边工程的特点可以归结为其位置跨越水陆交界处，工程地质条件具复杂多样性。

岸边的岸坡通常是不良地质现象发育区，一般河岸往往比海岸更为发育。在岸边工程岩土工程勘察中除对不良地质现象进行详细调查外，对天然稳定岸坡也应进行详细研究，提出预报性的建议。

（二）岩土工程勘察的基本要求

岸边工程应着重查明下列内容：①地貌单元；②地貌单元交界区段的复杂地层，以及高灵敏度软土、混合土、层状构造土和风化岩；③岩坡坍塌、滑坡、冲淤、潜蚀、管涌等不良地质现象；④停靠船舶、波浪冲击、潮汐变化、水压力等的荷载组合。

（三）勘察要点

1.可行性研究阶段的勘察

在可行性研究阶段进行勘察工作时，应进行工程地质测绘或踏勘调查，工作内容主要包括地层分布、构造特点、地貌特征、岸坡形态、冲刷淤积、水位升降、暗滩变迁、淹没范围等情况与发展趋势。必要时应布置一定数量的勘探工作，勘探点的布置应符合相应的规范规程和技术要求，并对边坡的稳定性和场地的适宜性作出评价，提出选择的最优场址方案的建议。

2.初步设计阶段的勘察

初步设计阶段的勘察工作应满足初步设计对工程的要求，合理确定建筑物总平面布置、结构形式、基础类型和施工方法等必要资料，以及不良地质现象的防治方案、建议等。

3.施工图设计阶段的勘察

施工图设计阶段勘察时，勘探点和勘探线应结合地貌特征和地质条件，根据工程总平面布置确定，复杂地基地段应加密。勘探孔深度应根据工程规模、设计要求和岩土条件确定，除建筑物和结构物特点与荷载外，还应考虑岸坡稳定性、坡体开挖、支护结构、桩基等的分析计算需要。根据勘察结果，应对地基基础的设计和施工及不良地质作用的防治提出建议。

（四）场地评价

岸边工程所处（或跨越）的地貌单元、地层岩性、承载力、变形特性、地表水和地下水对岸坡的影响以及岸坡的稳定性等均是岸边工程需要研究的内容，而岸坡的稳定性则是岸边工程需要解决的主要问题。岸坡的稳定性主要包括整体稳定性、抗滑稳定性和抗倾覆稳定性等。

二、管道与架空线路工程

（一）概述

管道与架空线路工程又称管线工程，是利用管道或管线等长距离输送油气、电力、水、热能和煤炭等能源的一种线性工程。这些工程一般通过的地质地貌单元多（如平原、丘陵、山区、沼泽、河流等），各种不良地质现象和各种特殊性岩土都可能遇到。在岩土工程勘察中，以查明和评价工程的稳定性为主，同时协同设计选择最优的线路路径方案和基础方案。

（二）岩土工程勘察要求

1.初步设计勘察

调查沿线地形地貌、地质构造、地层岩性和特殊性岩土的分布、地下水及不良地质作用，并分段进行分析评价；调查沿线矿藏分布、开发计划与开采情况；线路宜避开可采矿层；对已开采区，应对采空区的稳定性进行评价；对大跨越地段，应查明工程地质条件，进行岩土工程评价，推荐最优跨越方案。初步设计勘察应以搜集和利用航测资料为主。大跨越地段应做详细的调查或工程地质测绘，必要时，辅以少量的勘探、测试工作。

2.施工图设计勘察

施工图设计勘察阶段，对架空线路工程的转角塔、耐张塔、终端塔、大跨越塔等重要塔基和地质条件复杂地段，应逐个进行塔基勘探。直线塔基地段宜每3～4个塔基布置一个勘探点；深度应根据杆塔受力性质和地质条件确定。平原地区应查明塔基土层的分布、埋藏条件、物理力学性质、水文地质条件及环境水对混凝土和金属材料的腐蚀性；丘陵和山区还需查明塔基附近处的各种不良地质作用，提出防治措施建议；大跨越地段尚应查明跨越河段的地形地貌，塔基范围内地层岩性、风化破碎程度、软弱夹层及其物理力学性质；查明对塔基有影响的不良地质作用，并提出防治措施建议；对特殊设计的塔基和大跨越塔基，当抗震设防烈度大于或等于6度时，要考虑地震效应问题。

（三）勘察工作内容

初步设计勘察阶段，应论述沿线岩土工程条件和跨越主要河流地段的岸坡稳定性，选择最优线路方案；施工图设计勘察阶段，应提出塔位明细表，论述塔位的岩土条件和稳定性，并提出设计参数和基础方案以及工程措施等建议。

（四）勘察评价

1.管道工程

对于管道工程，应评价线路沿线地形地貌是否简单；管道埋深范围内的地层强度、变形特性是否满足要求；是否分布有滑坡、崩塌、泥石流等不良地质现象及其对管线的影响；地下水、土对金属或混凝土的腐蚀性；对抗震设防烈度不小于7度的地段，还应进行液化判别；对于一些岩土工程问题，提供处理措施及计算所需参数。

2.架空线路工程

架空线路工程除了对沿线的岩土工程条件做出具体评价外，主要针对塔基进行岩土工程条件的分析和评价。具体内容包括塔基处的地形、地貌条件；地层结构分布规律；主要持力层的强度和变形特性；地下水、土对金属或混凝土的腐蚀性；对抗震设防烈度大于6度的地段进行液化判断；提出基础设计方案及工程措施；结合杆塔基础受力的基本特点进行基础上拔稳定计算、基础抗倾覆计算和地基基础沉陷计算等。

3.穿越和跨越工程

穿越和跨越工程应结合穿越或跨越河段的工程地质条件和水文情况作出评价，一般包括穿、跨越处的地形、地貌及地质情况；河流的水文情况；河床的冲刷淤积演变情况；岸坡的稳定性等。其中，岸坡的稳定性评价是穿越和跨越工程的重点。对于需要采取措施的边坡应提出护岸方案。

三、废弃物处理工程

（一）概述

废弃物处理工程主要包括工业废渣堆场、垃圾填埋场等固体废弃物处理工程。废弃物处理工程的岩土工程勘察，应着重查明下列内容：地形地貌特征和气象水文条件；地质构造、岩土分布和不良地质作用；岩土的物理力学性质；水文地质条件、岩土和废弃物的渗透性；场地、地基和边坡的稳定性；污染物的运移，对水源和岩土的污染，对环境的影响；筑坝材料和防渗覆盖用黏土的调查；全新活动断裂、场地地基和堆积体的地震效应。

废弃物处理工程勘察的范围包括堆填场（库区）、初期坝、相关的管线、隧洞等构筑物和建筑物，以及邻近相关地段，并应进行当地建筑材料的勘察。

废弃物处理工程勘察前，应搜集下列技术资料：废弃物的成分、粒度、物理和化学性质，废弃物的日处理量、输送和排放方式；堆场或填埋场的总容量、有效容量和使用年限；山谷型堆填场的流域面积、降水量、径流量、多年一遇洪峰流量；初期坝的坝长和坝顶标高，加高坝的最终坝顶标高；活动断裂和抗震设防烈度；邻近的水源地保护带、水源开采情况和环境保护要求。

可行性研究勘察应主要采用踏勘调查，必要时辅以少量勘探工作，对拟选场地的稳定性和适宜性做出评价；初步勘察应以工程地质测绘为主，辅以勘探、原位测试、室内试验、对拟建工程的总平面布置、场地的稳定性、废弃物对环境的影响等进行初步评价，并提出建议；详细勘察应采用勘探、原位测试和室内试验等手段进行，地质条件复杂地段应进行工程地质测绘，获取工程设计所需的参数，提出设计施工和监测工作的建议，并对不稳定地段和环境影响进行评价，提出治理建议。

（二）工业废渣堆场

1.工业废渣堆场勘察要点

（1）工业废渣堆场详细勘察时，勘探工作应符合下列规定：勘探线宜平行于堆填场、坝、隧洞、管线等构筑物的轴线布置，勘探点间距应根据地质条件复杂程度确定；对初期坝，勘探孔的深度应能满足分析稳定、变形和渗漏的要求；与稳定、渗漏有关的关键性地段，应加密加深勘探孔或专门布置勘探工作；可采用有效的物探方法辅助钻探和井探；隧洞勘察应符合现行规范，应符合地下洞室的规定。

（2）废渣材料加高坝的勘察，应采用勘探、原位测试和室内试验的方法进行，并应着重查明下列内容：已有堆积体的成分、颗粒组成、密实程度、堆积规律；堆积材料的工程特性和化学性质；堆积体内浸润线位置及其变化规律；已运行坝体的稳定性，继续堆积至设计高度的适宜性和稳定性；废渣堆积坝在地震作用下的稳定性和废渣材料的地震液化可能性；加高坝运行可能产生的环境影响。废渣材料加高坝的勘察，可按堆积规模垂直坝轴线布设不少于三条勘探线，勘探点间距在堆场内可适当增大；一般勘探孔深度应进入自然地面以下一定深度，控制性勘探孔深度应能查明地基土中可能存在的软弱层。

2.工业废渣堆场勘察评价

工业废渣堆场的岩土工程评价应包括下列内容：洪水、滑坡、泥石流、岩溶、断裂等不良地质作用对工程的影响；坝基、坝肩和库岸的稳定性，地震对稳定性的影响；坝址和库区的渗漏及建库对环境的影响；对地方建筑材料的质量、储量、开采和运输条件，进行技术经济分析。

对工业废渣堆场进行的岩土工程勘察，还需要按工程要求进行岩土工程分析评价，并提出防治措施的建议；对废渣加高坝的勘察，应分析评价现状和达到最终高度时的稳定性，提出堆积方式和应采取措施的建议；提出边坡稳定、地下水位、库区渗漏等方面监测工作的建议。

（三）垃圾填埋场

（1）垃圾（废弃物）的分类：垃圾（废弃物）堆放方式和工程性质不同于天然土，按其性质可分为似土废弃物与非土废弃物。似土废弃物如尾矿、赤泥、灰渣等，类似于砂土、黏土、黏性土，其颗粒组成、物理性质、强度、变形、渗透和动力性质，可用土工试验方法测试。非土废弃物如生活垃圾，取样测试都比较困难，应针对具体情况专门考虑。有些力学参数也可通过现场检测，用反分析确定。

（2）垃圾填埋场勘察前搜集资料包括下列内容：垃圾的种类、成分和主要特性以及填埋的卫生要求；填埋方式和填埋程序以及防渗衬层和封盖层的结构，渗出液集排系统的布置；防渗衬层、封盖层和渗出液集排系统对地基和废弃物的容许变形要求；截污坝、污水池、排水井、输液输气管道和其他相关构筑物情况。

（3）垃圾填埋场的勘探测试，在工程地质测绘与调查的基础上，力求做到：需进行变形分析的地段，其勘探深度应满足变形分析的要求；岩土和似土废弃物的测试与试验按现行规范要求，非土废弃物的测试，应根据其种类和特性采用合适的方法，并可根据现场监测资料，用反分析方法获取设计参数；测定垃圾渗出液的化学成分，必要时进行专门试验，研究污染物的运移规律。

（4）垃圾填埋场勘察的岩土工程评价：力学稳定和化学污染是废弃物处理工程评价的两大主要问题，垃圾填埋场勘察的岩土工程评价包括下列内容：工程场地的整体稳定性以及废弃物堆积体的变形与稳定性；地基和废弃物变形，导致防渗衬层封盖层及其他设施失效的可能性；坝基、坝肩、库区和其他有关部位的渗漏；污染物的运移及其对水源、农业、岩土和生态环境的影响提出保证稳定、减少变形、防止渗漏和保护环境措施的建议；提出筑坝材料、防渗和覆盖用黏土等地方材料的产地及相关事项的建议；提出有关稳定、变形、水位、渗漏、水土和渗出液化学性质监测工作的建议。

四、核电工程

（一）概述

核电厂主体工程的主要构筑物包括安全壳以及围绕着安全壳的燃料库、主控制楼、管廊和一回路辅助厂房；二回路系统的汽轮发电机房、应急柴油机房等；冷却水供应装置；取排水系统及其护岸工程和核废料贮存设施等。

（二）勘察要求

核电厂选址时要进行详细的地震地质工作，对所选场址的地震安全性作出评价并确定抗震设计所需参数；查明与地震相关的各种不良地质现象，尤其是可能动的断层发育程度和危害程度；提供详细、可靠的地层岩性、结构、构造特征以及各种动、静物理力学指标；进行详细的边坡（包括大量的人工边坡和基坑边坡）勘察和稳定性评价；进行详细的堤岸（海岸）勘察和岸坡稳定性评价；对于核电厂的各类开挖掩覆工程（如主体工程基坑、人工边坡、隧洞等），均要求进行大比例尺的详细的地质编录。

（三）勘察工作内容

（1）可行性研究勘察。应通过必要的勘探和测试，提出厂址的主要工程地质分层，提供岩土初步的物理力学性质指标，了解预选核岛区附近的岩土分布特征，并应符合下列要求：每个厂址勘探孔不宜少于两个，深度应为预计设计地坪标高以下30～60m；应全断面连续取芯；对不良地质现象进行评价，判别有无可供核岛布置的场地和地基，并具有足够的承载力与稳定性；是否危及供水水源或对环境地质构成严重影响。

（2）初步设计勘察。应分核岛、常规岛、附属建筑和水工建筑四个地段进行。初步设计核岛地段勘察应满足设计和施工的需要，勘探孔的布置、数量和深度应符合下列规定：应布置在反应堆厂房周边和中部，当场地岩土工程条件较复杂时，可沿十字交叉线加密或扩大范围。勘探点间距宜为10～30m。勘探点数量应能控制核岛地段地层岩性分布，并能满足原位测试的要求。每个核岛勘探点总数不应少于10个，其中反应堆厂房不应少于5个，控制性勘探点不应少于勘探点总数的1/2。控制性勘探孔深度宜达到基础底面以下2倍反应堆厂房直径，一般性勘探孔深度宜进入基础底面以下Ⅰ、Ⅱ级岩体不少于10m。波速测试孔深度不应小于控制性勘探孔深度。

初步设计常规岛地段勘察，在现行规范基础上还要满足下列要求：勘探点应沿建筑物轮廓线、轴线或主要柱列线布置，每个常规岛勘探点总数不应少于10个，其中控制性勘探点不宜少于勘探点总数的1/4；控制性勘探孔深度对岩质地基应进入基础底面下Ⅰ级、Ⅱ级岩体不少于3m，对土质地基应钻至压缩层以下10~20m；一般性勘探孔深度，岩质地基应进入中等风化层3~5m，土质地基应达到压缩层底部。

初步设计阶段勘察的测试执行现行规范，并应符合下列规定：根据岩土性质和工程需要，选择合适的原位测试方法，包括波速测试、动力触探试验、抽水试验、注水试验、压水试验和岩体静载荷试验等；并对核反应堆厂房地基进行跨孔法波速测试和钻孔弹模测试，测求核反应堆厂房地基波速和岩石的应力应变特性；室内试验除进行常规试验外，尚应测定岩土的动静弹性模量、动静泊松比、动阻尼比、动静剪切模量、动抗剪强度、波速等指标。

施工图设计阶段应完成附属建筑的勘察和主要水工建筑以外其他水工建筑的勘察，并根据需要进行核岛、常规岛和主要水工建筑的补充勘察。内容和要求可按初步设计阶段有关规定执行，每个与核安全有关的附属建筑物不应少于一个控制性勘探孔。

此外，核电厂勘察还应符合有关核安全法规、导则和有关国家标准、行业标准的规定。核电厂岩土工程勘察的安全分类可分为核安全有关建筑和常规建筑两类。

（四）勘察评价

勘察评价主要针对主体工程区（一、二回路的工程项目）的地基评价。主体工程多修建在基岩上，一回路的组成项目因工艺需要，其基坑挖深高差悬殊，形成一个呈台阶状分布的深基坑群。在基坑开挖时应强调采用预裂爆破法进行施工，以尽量减少对基坑岩体的人为破坏。在详勘资料中应将各开挖基坑的范围、深度绘制在地质剖面图上，根据地层产状、节理裂缝等不利软弱结构面特征，分析各基坑壁的稳定性和相互影响，提出局部加固措施和施工注意事项。

根据主体工程区岩体的变化情况和跨孔法实测的压缩波速、剪切波速值以及室内岩石实验成果资料，经分析整理，提供各层代表性的物理力学参数，包括静、动荷载作用下的弹性模量、剪切模量和抗剪强度等。

评价地下水对基坑开挖的影响，提出岩体的渗透系数以及施工排水措施的建议。对主体工程的开挖建设基面进行施工勘察阶段的验槽测绘工作。基坑在开挖过程中应及时对暴露的基坑岩体进行大比例尺地质测绘，对基坑中揭露的破碎带、软弱夹层、风化带、断裂带等软弱地段，应分析其对工程的影响（一般应进行清基加固处理）。基坑开挖完成后，应进行竣工地质测绘，并作为隐蔽工程档案资料存档。

五、基坑工程

（一）概述

基坑工程勘察的范围和深度应根据场地条件和设计要求确定。勘察深度宜为开挖深度的2~3倍，在此深度内遇到坚硬黏性土、碎石土和岩层，可根据岩土类别和支护设计要求减少深度。勘察的平面范围宜超出开挖边界外开挖深度的2~3倍。在深厚软土区，勘察深度和范围尚应适当扩大。在开挖边界外，勘察手段以调查研究、搜集已有资料为主，复杂场地和斜坡场地应布置适量的勘探点。

（二）勘察要求

对岩质基坑，应根据场地的地质构造、岩体特征、风化程度、基坑开挖深度等，按当地标准或当地经验进行勘察。

在受基坑开挖影响和可能设置支护结构的范围内，应查明岩土分布，分层提供支护设计所需的抗剪强度指标。土的抗剪强度试验方法，应与基坑工程设计要求一致，符合设计采用的标准，并应在勘察报告中说明。

当基坑开挖可能产生流砂、流土、管涌等渗透性破坏时，应有针对性地进行勘察，分析评价其产生的可能性及对工程的影响。当基坑开挖过程中有渗流时，地下水的渗流作用宜通过渗流计算确定。

（三）主要工作

基坑工程勘察，应进行环境状况的调查，查明邻近建筑物和地下设施的现状、结构特点以及对开挖变形的承受能力。在城市地下管网密集分布区，可通过地理信息系统或其他档案资料了解管线的类别、平面位置、埋深和规模，必要时应采用有效方法进行地下管线探测。在特殊性岩土分布区进行基坑工程勘察时，对软土的蠕变和长期强度，软岩和极软岩的失水崩解，膨胀土的膨胀性和裂隙性以及非饱和土增湿软化等对基坑的影响进行分析评价。

基坑工程勘察，应根据开挖深度、岩土和地下水条件以及环境要求，对基坑边坡的处理方式提出建议。

（四）分析评价与设计计算建议

基坑工程勘察应针对以下内容进行分析，提供有关计算参数和建议：边坡的局部稳定性、整体稳定性和坑底抗隆起稳定性；坑底和侧壁的渗透稳定性；挡土结构和边坡可能发生的变形；降水效果和降水对环境的影响；开挖和降水对邻近建筑物和地下设施的影响。

在主体建筑地基的初步勘察阶段，应根据岩土工程条件，搜集工程地质和水文地质资料，并进行工程地质调查，必要时可进行少量的补充勘察和室内试验，提出基坑支护的建议方案；在建筑物详勘阶段，勘察范围应根据开挖深度及场地的岩土工程条件确定，并在开挖边界外开挖深度的1～2倍范围内布置勘察探点，当开挖边坡外无法布置勘察点时，应通过调查取得相应资料，对于软土，勘察范围扩大。勘探点间距为15～30mm，勘探点深度不宜小于1倍开挖深度，软土地区应穿越软土层。若地层变化大时，应增加勘探点，应查明地下水水位埋深、各含水层的补给条件、水力联系，测量各含水层的渗透系数影响半径，对水位变化、支护结构和基坑周边环境的影响，提出应采取的措施。

六、既有建筑物的增载与保护

既有建筑物的增载与保护的岩土工程勘察包括搜集建筑物的荷载、结构特点、功能特点和完好程度资料，基础类型、埋深、平面位置，基底压力和变形观测资料；场地及其所在地区的地下水开采历史，水位降深、降速、地面沉降、形变、地裂缝的发生、发展等资料；评价建筑物的增层、增载和邻近场地大面积堆载对建筑物的影响时，应查明地基土的承载力，增载后可能产生的附加沉降和沉降差；对建造在斜坡上的建筑物尚应进行稳定性验算；对建筑物接建或在其紧邻新建建筑物，应分析新建建筑物在既有建筑物地基土中引起的应力状态改变及其影响；评价地下水抽降对建筑物的影响时，应分析抽降引起地基土的固结作用和地面下沉、倾斜、挠曲或破裂对既有建筑物的影响，并预测其发展趋势；评价基坑开挖对邻近既有建筑物的影响时，应分析开挖卸载导致的基坑底部剪切隆起，因坑内外水头差引发的管涌，坑壁土体的变形与位移、失稳等危险；同时还应分析基坑降水引起的地面不均匀沉降的不良环境效应；评价地下工程施工对既有建筑物的影响时，应分析伴随岩土体内的应力重分布出现的地面下沉、挠曲等变形或破裂，施工降水的环境效应，过大的围岩变形或坍塌等对既有建筑物的影响。

七、泥石流场地

（一）概述

泥石流是指斜坡上或沟谷中松散碎屑物质被暴雨或积雪、冰川消融水所饱和，在重力作用下，沿斜坡或沟谷流动的一种特殊洪流，其特点是暴发突然，历时短暂，来势凶猛和巨大的破坏力。

（二）勘察要点

拟建工程场地或其附近有发生泥石流的条件并对工程安全有影响时，应进行专门的泥石流勘察。泥石流勘察应在可行性研究或初步勘察阶段进行，应查明泥石流的形成条件和泥石流的类型、规模、发育阶段、活动规律，并对工程场地做出适宜性评价，提出防治方案的建议。

泥石流勘察应调查下列内容：冰雪融化和暴雨强度、前期降雨量、一次最大的降雨量、平均及最大流量、地下水活动等情况；地形地貌特征，包括沟谷的发育程度、切割情况、坡度、弯曲、粗糙程度，并划分泥石流的形成区、流通区和堆积区，圈绘整个沟谷的汇水面积；形成区的水源类型、水量、汇水条件、山坡坡度及岩层性质和风化程度；查明断裂、滑坡、崩塌、岩堆等不良地质作用的发育情况及可能形成泥石流固体物质的分布范围、储量；流通区的沟床纵横坡度、跌水、急湾等特征；查明沟床两侧山坡坡度、稳定程度、沟床的冲淤变化和泥石流的痕迹；堆积区的堆积扇分布范围、表面形态、纵坡、植被、沟道变迁和冲淤情况；查明堆积物的性质、层次、厚度、一般粒径和最大粒径；判定堆积区的形成历史、堆积速度，估算一次最大堆积量；泥石流沟谷的历史，历次泥石流的发生时间、频数、规模、形成过程、暴发前的降雨情况和暴发后产生的灾害情况；开矿弃渣、修路切坡、砍伐森林、陡坡开荒和过度放牧等人类活动情况；当地防治泥石流的经验。当需要对泥石流采取防治措施时，应进行勘探测试，进一步查明泥石流堆积物的性质、结构、厚度、固体物质含量、最大粒径、流速、流量、冲出量和淤积量。泥石流的工程分类按现行规范执行。

参 考 文 献

[1]李潮雄，田树斌，李国锋.测绘工程技术与工程地质勘察研究[M].北京：文化发展出版社有限公司，2019.

[2]宁津生.测绘学概论[M].武汉：武汉大学出版社，2016.

[3]蔺茂金，朱秀杰，张旭东.测绘工程管理实践研究[M].延吉：延边大学出版社，2017.

[4]赵红，徐文兵.数字地形图测绘[M].北京：地震出版社，2017.

[5]吴圣林.岩土工程勘察（第2版）[M].徐州：中国矿业大学出版社，2018.

[6]宁宝宽，于丹，刘振平.岩土工程勘察[M].北京：人民交通出版社，2017.

[7]沈小康.岩土工程勘察与施工[M].西安：陕西科学技术出版社，2020.

[8]杨丽梅，冯玉祥，乔立新.公路工程勘察设计[M].长春：东北师范大学出版社，2017.